锦 瑟 Inlaid Zither

J   S

就每个生物而言，生命只有唯一的一次

生命是什么？

［奥］薛定谔/著

何　滟/译

重庆出版集团　重庆出版社

图书在版编目（CIP）数据

生命是什么？ /（奥）薛定谔著；何滟译. 一重庆：
重庆出版社，2021.10

ISBN 978-7-229-16058-6

Ⅰ.①生… Ⅱ.①薛… ②何… Ⅲ.①生命科学—研
究 Ⅳ.①Q1-0

中国版本图书馆CIP数据核字（2021）第190893号

生命是什么？
SHENGMING SHI SHENME?

〔奥〕薛定谔 著 何 滟 译

策 划 人·刘太亨
责任编辑·吴向阳 苏 丰
责任校对·杨 媚
封面设计·日日新
版式设计·冯晨宇

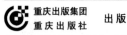

重庆出版集团
重庆出版社 出版

重庆市南岸区南滨路162号1幢 邮编：400061
重庆市国丰印务有限责任公司印刷
重庆出版集团图书发行有限公司发行
全国新华书店经销

开本：787mm×1092mm 1/32 印张：5.75 字数：100千
2022年4月第1版 2022年4月第1次印刷
ISBN 978-7-229-16058-6

定价：42.00元

如有印装质量问题，请向本集团图书发行有限公司调换：023-61520678

生命的存在与延续，
一个伟大物理学家对生物细胞的量子解释……

译者语

我们热切地想知道自己从哪里来，到何处去，但唯一可观察的只有自己身处的这个环境。这就是为什么我们如此急切地竭尽全力去寻找答案。这就是科学、学问和知识，以及所有精神追求的真正源泉。

——薛定谔

薛定谔，奥地利著名物理学家，诺贝尔物理学奖获得者。在量子理论方面，他取得了重大成果，建立了薛定谔方程，提供了一种系统计算波函数以及其随时间动态变化的方法。他所提出的思想实验"薛定谔的猫"更是闻名世界。此外，他的研究领域非常广泛，包括统计力学和热力学、介电物理学、电动力学、广义相对论和宇宙论。

在《生命是什么？》中，薛定谔从物理学的角度探讨了生命现象，并试图阐释"遗传"这一问题。

早期生活和教育

1887年8月12日，薛定谔出生于奥地利首都维也纳附近的埃德伯格。他是家中的独生子，父亲是园艺家、油布厂老板鲁道夫·薛定谔，母亲是鲁道夫在维也纳技术学院的化学教授亚历山大·鲍尔的女儿乔治·埃米利娅·布伦达。

薛定谔的母亲有一半奥地利血统，一半英国血统。薛定谔几乎同时学习英语和德语，因为他的父母在家时就讲这两种语言。他的父亲是天主教信徒，母亲是路德教派信徒。

薛定谔一直由私人教师授课，直到11岁才前往维也纳的学术文法学校就读。在学校就读时期，他是学校里的天才学生，其天分不但表现在能够轻松地掌握物理和数学课程，而且也表现在对诗歌和哲学的超高领悟能力。

职业生涯

1906年，薛定谔进入维也纳大学，主修物理和数学。大学期间，受到物理学家弗朗茨·埃克斯纳（Franz Exner）的强烈影响，他爱上了物理学，并于1910年获得物理学博士学位。他的博士论文课题《潮湿空气中绝缘体的导电性》是一项实验性的研究，同时，这也是他第一次独立从事科学研究。此后，他在维也纳大学第二物理研究所工作，成为埃克斯纳的助理。

1914年，薛定谔被征召参加第一次世界大战，在意大利的奥匈军事部队中担任炮兵军官，利用闲暇继续研究理论物理学，战争结束后，他又回到第二物理研究所工作。

1921年，薛定谔进入苏黎世大学任教，在此之前，他先后在斯图加特、耶拿和布雷斯劳等地的学校短暂地担任过教职。他在苏黎世大学待了6年，正是在这里（1921年他开始研究原子结构，1924年开始研究量子统计），他的波动方程为物理学的进步作出了重要贡献。

1927年，薛定谔接替马克斯·普朗克（Max Planck），担任柏林大学理论物理研究所主席，并在那里一直工作到1934年。在柏林大学任职期间，他发现自己无法接受日益笼罩在德国人头上的反犹主义氛围，便选择移居英国，成为牛津大学莫德林学院的研究员。

1936年，薛定谔前往奥地利格拉茨大学任职，两年后奥地利被德国吞并，他便和妻子逃到了意大利。

1938年，薛定谔应爱尔兰总理埃蒙·德·瓦勒拉之邀，到爱尔兰都柏林高等研究院理论物理学院工作。1940年，他成为该学院院长，并在那里工作了17年，直至于1955年退休。

1956年，薛定谔回到了维也纳，担任维也纳大学的名誉教授。

贡献与成就

薛定谔早年在电气工程、大气电学和大气放射性领域进行过相关实验研究，但通常是与他的老师弗朗茨·埃克斯纳一起合作。他还研究了振动理论、布朗运动理论和数理统计。1912年，应《电力手册》编辑的要求，他写了一篇题为《介电理论》的文章。同年，他提出"放射性物质可能高度分布"的理论预测，这有助于解释观测到的大气具有放射性所需的必要条件。1913年8月，薛定谔通过几次实验，证实了他与维克多·弗朗西斯·赫斯（Victor Francis Hess）的理论预测。这项工作成果让他获得了奥地利科学院1920年的海廷格奖金。这位年轻的研究员还在1914年进行了其他实验研究，研究内容是验证毛细管口气泡压力公式，以及研究 γ 射线落在金属表面时所出现的 β 射线的性质。1919年，薛定谔进行了最后一次关于相干光的物理实验，此后，他将注意力转移到理论研究上。

1924年，德布罗意（Louis Victor de Broglie）提出了"微

观粒子具有波粒二象性（粒子性和波动性）"的观点。在此基础上，薛定谔于1926年1月在《物理年鉴》上发表了四篇关于波动力学的论文，题目皆为《量子化就是本征值问题》，提出用波动方程描述微观粒子运动状态的理论，该方程现在被称为"薛定谔方程"。在第一篇论文中，薛定谔给出了与时间无关的系统的波动方程的"推导"，并通过该方程得出类氢原子正确的能量本征值。这篇论文成果被普遍认为是20世纪最重要的成就之一，并在量子力学乃至所有物理和化学领域掀起了一场革命。而仅在四个星期后，薛定谔就提交了第二篇论文，解决了量子谐波振荡器、刚性转子和双原子分子问题，并给出了薛定谔方程的新推导。在1926年5月发表的第三篇论文中，薛定谔阐明了自己的波动力学与海森堡（W. K. Heisenberg）的矩阵力学[1]在数学上的等价性，并给出了斯塔克效应的处理方法。该系列的第四篇论文则阐明了如何处理系统随时间变化的问题，如散射问题。为了防止四阶、六阶微分方程的出现，薛定

---

1 在此之前，德国物理学家海森堡、玻恩（Max Born）和约丹（E. P. Jorden）于1925年9月通过另一途径提出了矩阵力学观点。

谔在论文中引入了波动方程的复解（这就使量子力学从实数转向了复数）。当他为了降低微分方程的阶数而引入复数时，神奇的事情发生了，波动力学的一切都在他的掌握之中（他最终将微分方程阶数减为了1）。

薛定谔方程被公认为20世纪最伟大的科学成就之一，这也是薛定谔对量子力学最重要的贡献，他本人也因此与狄拉克（P. A. M. Dirac）共获了1933年诺贝尔物理学奖。

1935年，薛定谔发表了一篇名为《量子力学现状》的论文，在这篇论文中，他提出了著名的"薛定谔的猫"猜想。当时，被普遍接受的观点认为量子态以叠加态的形式存在，即量子力学把一切都归结为概率。然而，薛定谔对这种观点并不赞同。为了证明这个想法有多荒谬，他便提出了一个思想实验：将一只猫放进一个盒子里，同时在盒子里放入放射性物质和一个有毒瓶子，将后者连接一个锤，而锤又连接着一个盖革计数器（一种可以检测放射性物质衰变的设备）。其设定是这样的：如果放射性物质衰变，锤子就会打碎瓶子并释放毒素，从而杀死猫，否则，猫还能活下去。由于放射性物质的衰变纯粹是概率性的，从量子力学角度预测，猫生活在两种可能状态的叠加中——要么死要么活。猫怎么可能同时又死又活呢？这就是薛定谔著名的"猫悖论"。

薛定谔相信这个思想实验会一劳永逸地否定叠加态和概率的概念，但实际上它给量子力学带来了更多新的解释。这些解释的哲学意义仍然是一个极具争议的问题。

生命是什么？

1943年2月5日，薛定谔在都柏林三一学院举行了第一场公开演讲。对物理学家来说，他的演讲主题"生命是什么？"是极不寻常的。次年，这一系列演讲内容被改编为同名图书。

薛定谔的目的之一，是要解释生物的存在显然是违反热力学第二定律的。根据该定律，宇宙中的所有秩序都趋于混乱。但是，这本书所包含的内容，却远比他试图融合物理学和生物学的尝试重要得多。在70多年前的那次演讲中，他介绍了生物学史上一些重要的概念，而这些概念一直影响着我们去理解生命。

在这本书中，薛定谔试图用热力学、量子力学和化学理论来解释生命的本质。他介绍了"非周期性晶体"的概念，即在其共价化学键的结构中包含遗传信息。在20世纪50年代，这个想法激发了人们对发现遗传分子的热情。尽管自1869年以来，就已经有学者假设遗传信息以某种形式存在，但是在薛定谔演讲之时，遗传信息的具体特征仍是未知的。因此从某种程度上来说，薛定谔的非周期性晶体可以被看作是生物学家在寻找遗传材料方面的合理理论预测依据。

自20世纪30年代以来，生物学已经从一门描述性科学，转变为关注机制的科学。遗传学家托马斯·亨特·摩根（Thomas Hunt Morgan）在对黑腹果蝇遗传突变的研究中，首次确认了染色体是基因的载体，从而使人们开始从基因（即染色体上排列的大分子）传递的角度来理解遗传。那时，许多人认为基因的本质是蛋白质，而薛定谔却认为，遗传物质必须具有非重复的分子结构。他声称，这种结构源于一个事实，即遗传分子必须包含一种"密码"，它决定了"个人的未来发展及其在成熟状态下运作的整个模式"。

遗传物质是如何工作的呢？即它是如何促进发育和新陈代谢，使生物体能够在它所谓的"四维模式"时空中构建和维持自身呢？薛定谔从热力学角度出发，提出了上述问题。

随后，薛定谔回答道，这与能量无关（生物体能量的摄入和输出必须平衡，否则就会被损耗掉），而与熵有关，熵即原子无序的量度。热力学第二定律指出，熵在所有变化过程中都会增加。但是，生物体以"负熵"为食，不断地从它所处的环境中汲取能量来维持自身细胞的活性，从而巧妙地避免了熵增。

历史学家和科学家对薛定谔的演讲和随后的著作展开了争论，但毫无疑问，一些20世纪科学领域的关键人物，如詹姆斯·沃森（J. D. Waston）、弗朗西斯·克里克（Francis Crick）、莫里斯·威尔金斯（Maurice Wilkins）等，都受到薛定谔的启发而转向了生物学研究。

在薛定谔提出他的观点十年后，即1953年，沃森和克里克发表了第二篇揭示DNA结构的文章，这为世界提供了生命奥秘的钥匙，随之他们又运用控制论提出新概念，将生物学推进到了现代："因此，碱基的精确序列似乎是携带遗传信息的密码。"这些预言性的名词，现在每天都在世界各地的生物学课堂上出现。由此可见，薛定谔的创见改变了我们对生命的理解。生命被编码为信息，而基因就是这些信息的承载者，通过一种微小而复杂的密码，将基因根植于我们身体的每个细胞中。

《生命是什么？》全书共分为7章，各章的主要内容如下：

在第1章中，薛定谔解释说，大多数物理学定律在很大程度上是由小规模的混乱产生的。他称此原则为"从无序中产生有序"。例如，他提到可以将扩散建模为高度有序的过程，但这是由原子或分子的随机运动引起的，如果减少原子数，系统的行为将变得越来越随机。他指出，生命在很大程度上取决于秩序，天真的物理学家可能会假设生物体的基本密码必须包含大量原子。

在第2章和第3章中，薛定谔总结了有关遗传机制的知识。他重点阐述了突变在进化中所起的重要作用，并由此得出结论：遗传信息的载体既要小巧又要永久保留。这与物理学家的期望背道而驰，而且这种矛盾是经典物理学无法解决的。

在第4章中，薛定谔提出即使分子是已知的，其稳定性也不能用经典物理学来解释，而需要量子力学的离散性来说明。此外，突变与量子跃迁直接相关。

在第5章中，薛定谔继续解释说，真正的（也是永久性的）固体是晶体。分子和晶体的稳定性基于相同的原理，因此分子可以被称为"固体的胚芽"。另一方面，无晶体结构的无定形固体应被视为具有很高黏度的液体。薛定谔认为遗传物质是一种分子，与晶体不同，它不会自我重复。他称遗传物质为非周期性晶体，它的特性使其可以用少量原子进行无限的组合。

在第6章中，薛定谔认为生命物质虽然没有排斥迄今确立的"物理学定律"，但可能涉及迄今未知的"其他物理学定律"，然而，一旦这些定律被揭示出来，它们将成为科学不可或缺的部分。

他知道这样的陈述容易引起误解，便试图对其进行澄清。与无序有关的主要原理是热力学第二定律，根据该定律，熵仅在封闭系统（例如宇宙）中增加。薛定谔解释说，生物体在开放系统中通过保持稳态负熵来逃避热力学平衡的衰减。

在第7章中，薛定谔坚持认为"从有序中产生有序"对物理学来说并非绝对新奇。实际上，这个观点甚至更简单，更合理。自然遵循"从无序中产生有序"的规律，例如天体和钟表等机械设备的运动。但是，即使物体受到热力和摩擦力的影响，系统在机械上或统计上起作用的程度主要取决于温度。如果时钟被加热，则将由于融化而停止工作。相反，如果温度接近绝对零度，则任何系统的机械性能都将越来越高。一些系统相当快地实现了这种机械性能，而室温实际上已经等于绝对零度。

最后，薛定谔总结了关于决定论、自由意志和人类意识之谜的哲学思考。

此外，薛定谔因受到叔本华和斯宾诺莎的影响而对哲学产生了浓厚的兴趣。他在演讲和写作中还讨论了意识、身心问题、感觉、自由意志和客观现实等主题。

个人生活与死亡

薛定谔过着非传统的个人生活。他于1920年与安妮·波特尔小姐结婚，婚后夫妻二人与他的情妇席德·马奇太太住在一起，并育有三个孩子。

1961年1月4日，薛定谔因肺结核死于维也纳，享年73岁。他死后被如愿安葬在了阿尔卑包赫村，他的墓碑上刻着以他名字命名的薛定谔方程。

英文版前言

20世纪50年代初，当我还是数学系的一名年轻学生时，我读的书还不多，但我的确读了薛定谔的一些书，至少读完了这本《生命是什么？》。他的著作总是那么令人着迷，每每读来都会有激动人心的发现，启发我们对所置身的这个神秘世界有一个全新的了解，尤其是他的短篇经典《生命是什么？》，在我看来更是如此。我相信，这本书必将成为本世纪最具影响力的科学著作之一。它代表了一位物理学家对生命奥秘探索的有力尝试，他的深刻洞见极大地颠覆了我们对世界组成的认知。这本书所涉及学科之广泛，在当时是十分罕见的，但全书语言质朴，深入浅出，不管是对非专业人士还是科学的逐梦者，读起来都不难理解。许多在生物学上做出重大贡献的科学家，如霍尔丹[1]（J. B. S. Haldane）和弗朗西斯·克里克都承认，这

---

1 霍尔丹（1892—1964年）：原籍为英国的印度生理学家、生物化学家和群体遗传学家。

位极具独创性和思想深邃的物理学家在本书中所提出的一些观点，曾对他们有着深远的影响（尽管他们并非总是认同他的观点）。

正如许多对人类思维产生重大影响的其他著作一样，本书提出了一些一经理解即可被奉为真知灼见的观点；然而遗憾的是，仍有相当一部分人本应更了解这些观点，却盲目忽视了它们。我们是否经常听到有人说：量子效应与生物学研究可能没有关联；人类饮食就是为了获得能量……? 我想，我们能在这本书中找到答案，这也是它当下的意义所在。毫无疑问，它值得一读再读。

罗杰·彭罗斯（Roger Penrose）

1991年8月8日

自　序

自由的人，绝少思虑死亡，他的智慧，在于对生的沉思，而非对死的默念。

——斯宾诺莎（《伦理学》）

一般认为，科学家在某些领域拥有系统而深入的第一手知识，因此对于那些他们不擅长的领域，一般不会轻易去涉足，此谓之位高则任重。然而，为了写作本书，我谨放弃这一高位（如果我有的话），同时免除附之其上的义务。我的理由如下：

我们继承了祖先对统一的、包罗万象的知识的强烈渴望。人们赋予最高学府名称（大学）的事实昭示，从古至今，历经无数个世纪，普遍性才是唯一能得到大众完全认同的方面。然而，在过去的一百多年里，各类知识分支纵深扩展，一个前所未有的难题摆在我们的面前。我们清楚地感觉到，我们必须将所有已知的知识融合在一起，但我们目前所掌握的只是一些可靠的材料。而另一方面，仅凭一个人的头脑，即使只掌握其中的一小部分专业知识也是非常困难的。

在我看来，要想逾越以上困难，我们当中就应当有人敢于对我们所掌握的这些事实和理论——尽管其中不乏不完整的二手知识——进行综合，哪怕最后可能只是自讨没趣。否则，我们将永远无法将知识融为一体。

以上为我的拙见。

语言的障碍横亘在我们面前，这是不容忽视的。一个人的母语如同量体裁衣，当他不得不换上另一件衣服的时候，他必定感觉不舒适自在。为此，我要特别感谢英克斯特博士（都柏林三一学院）、帕德里克·布朗博士（圣帕特瑞克学院，梅努斯）和罗伯茨先生。为使这身新衣服于我更合身，他们可谓良工心苦，而且由于我时不时地"别创一格"，更是给他们的工作增加了难度。如果我的某些不合时宜的"独创"被朋友们善意地保留下来，那将归咎于我，而不是他们。

本书中的章节标题仅作为内容提要，每一章的正文应连贯阅读。

薛定谔
都柏林　1944年9月

目 录

译者语 / 1

英文版前言 / 13

自　序 / 15

第1章　经典物理学家对生命问题的研究

1 本研究的一般性质和目的 ……………………………… 2

2 统计物理学在结构上的根本差别 ……………………… 3

3 朴素物理学家对生命问题的研究 ……………………… 5

4 为什么原子如此之小？ ………………………………… 7

5 有机体的正常工作需要精确的物理学定律 …………… 10

6 物理学定律以原子统计为基础，因此只是近似的 …… 12

7 统计学定律的精确度基于大量原子的介入 ………… 13

　　第一个例子：顺磁性 ………………………………… 13

　　第二个例子：布朗运动、扩散 ……………………… 16

　　第三个例子：测量精确性的限度 …………………… 21

8 $\sqrt{n}$ 律 ················· 22

第2章 遗传机制

1 经典物理学家的预期是错误的 ········· 26

2 遗传密码本（染色体） ········· 28

3 细胞的有丝分裂是机体生长的基础 ····· 31

4 在有丝分裂过程中，染色体皆可复制 ····· 33

5 减数分裂和受精（配子配合） ······ 34

6 单倍体 ············· 36

7 减数分裂中的显著遗传关系 ······ 37

8 同源染色体交叉互换，性状定位 ····· 40

9 基因的最大体积 ·········· 44

10 基因所包含的原子数量 ······· 45

11 遗传物质具有持久性 ········ 46

第3章 突 变

1 "跳跃式"突变：自然选择的基础 ····· 50

2 可以被完全遗传下去的真实遗传 ····· 53

3 隐性和显性基因 ·········· 56

4 一些术语的介绍 ·········· 60

5 近亲繁殖的危害 ·· 62

6 一般性与历史性的陈述 ································· 64

7 罕见突变的必要性 ·· 66

8 由X射线诱发的突变 ··································· 67

9 第一定律：突变的发生是单一性事件 ········ 68

10 第二定律：突变的发生具有局域性 ·········· 69

第4章　量子力学的证据

1 经典物理学家无法解释遗传物质的持久性 ············· 74

2 可用量子理论解释遗传物质的持久性 ············· 76

3 量子理论—不连续状态—量子跃迁 ············· 77

4 分子 ··· 79

5 分子的稳定性取决于温度 ························· 81

6 穿插数学 ··· 82

7 分子理论的第一项修正 ··························· 83

8 分子理论的第二项修正 ··························· 85

第5章　对德尔布吕克模型的讨论和检验

1 关于遗传物质的设想 ······························· 92

2 本设想具有独特性 ································· 93

3 一些传统认识的误区 ‥‥‥‥‥‥‥‥‥‥‥‥‥‥ 95

4 物质的不同"状态" ‥‥‥‥‥‥‥‥‥‥‥‥‥ 97

5 真正重要的区别 ‥‥‥‥‥‥‥‥‥‥‥‥‥‥‥ 98

6 非周期性固体 ‥‥‥‥‥‥‥‥‥‥‥‥‥‥‥‥ 99

7 在微型密码本中压缩的各种内容 ‥‥‥‥‥‥‥ 100

8 与事实比较：遗传物质具有稳定性；

 突变具有不连续性 ‥‥‥‥‥‥‥‥‥‥‥‥‥ 102

9 自然选择的基因具有稳定性 ‥‥‥‥‥‥‥‥‥ 105

10 突变有时会降低遗传物质的稳定性 ‥‥‥‥‥‥ 107

11 温度对不稳定基因的影响小于对稳定基因的影响 ‥‥ 107

12 X射线是如何诱发突变的 ‥‥‥‥‥‥‥‥‥‥ 109

13 X射线的效率并不取决于自发突变 ‥‥‥‥‥‥ 110

14 回复突变 ‥‥‥‥‥‥‥‥‥‥‥‥‥‥‥‥‥ 110

第 *6* 章　**有序、无序和熵**

1 从德尔布吕克模型得出的值得注意的一般性结论 ‥‥‥ 114

2 基于秩序的秩序 ‥‥‥‥‥‥‥‥‥‥‥‥‥‥ 115

3 生命物质避免了趋于平衡的衰退 ‥‥‥‥‥‥‥ 118

4 有机体以"负熵"为生 ‥‥‥‥‥‥‥‥‥‥‥ 119

5 熵是什么？ ‥‥‥‥‥‥‥‥‥‥‥‥‥‥‥‥ 121

6 熵的统计学意义 ‥‥‥‥‥‥‥‥‥‥‥‥‥‥ 122

7 生物从环境中汲取"有序"所需的熵来维持组织 ······ 124

8 本章的说明 ·· 125

第 7 章　生命是以物理定律为基础的吗？

1 在有机体内有望发现新定律 ···················· 130

2 评述生物状况 ······························· 131

3 综述生物状况 ······························· 132

4 明显的对比 ································· 135

5 产生有序的两种方式 ························· 138

6 新原理与物理学并不相悖 ···················· 139

7 时钟的运动 ································· 141

8 钟表装置属于统计学 ························· 143

9 能斯特定律 ································· 144

10 摆钟实际上可看作在绝对零度下工作 ············· 145

11 钟表装置与有机体的关系 ···················· 145

后记：决定论与自由意志 /147

　　关于后记的说明 /155

第 *1* 章 | **经典物理学
家对生命问
题的研究**

我思故我在。

——笛卡尔

1 本研究的一般性质和目的

这本小书的前身是一场面向400位听众的公开演讲，演讲者是一位理论物理学家。虽然人们被事先告知，此次演讲的主题较为深奥，即便演讲者没有运用令人头疼的数学推论，它仍不可能通俗易懂，可是听众并未因此而减少。究其原因，并非是该课题简单到不需要借助数学这一工具，而是因为它涉及多个学科所以不能完全用数学来演绎。鉴于此，演讲者融合生物学与物理学等学科，竭力将这些专业的基础知识进行简明扼要的阐释。

实际上，尽管所涉及的内容比较宽泛，但本书旨在对一个重大的问题发表一些短论。为了避免理解上的混乱，我有必要先将本书的要点作一个概述。

这一引发广泛讨论的重大问题是：

如何运用物理学和化学知识，解释发生在生命有机体空间内的时空事件？

本书力求阐述和建立的初步结论可以总结为：

今天的物理学和化学显然无法解释这些时空事件，但这并不能成为怀疑这些学科最终能够解释这些时空事件的理由。

2 统计物理学在结构上的根本差别

如果这一结论仅仅是为了激起人们对未来实现的未竟事业的希望，那它无疑是毫无意义的。但它的内涵要积极得多，即到目前为止，物理学和化学无法解释的这些时空事件，已经得到了充分的解释。

现如今，得益于生物学家（主要是遗传学家）在过去三四十年里所从事的独创性工作，人们得以充分了解有机体的实际物质结构与功能，从而能够清楚地认识到缘何今天的物理学和化学还是无法解释发生在生命有机体内的时空变化。

相对于迄今仍被物理学家和化学家作为试验和理论研究对象的原子排列来说，生命有机体最重要的部分是原子排列，而这些排列的相互作用有着本质的差别。然而，这种根本性差别，除了那些认同物理学定律和化学定律就是统计学定律的物理学家以外，不会引起其他人重视。[1]因为从统计学的观点

---

[1] 这一观点似乎过于笼统，我们将在本书第7章中另行讨论。

来看，生命有机体重要组成部分的结构，与物理学家和化学家在试验室或写字台上处理过的其他任何物质的结构完全不同。[1] 由此发现的定律与规则，竟然可以直接应用于那些没有表现出这些定律和规则的结构系统中，这几乎是令人不敢想象的。

我并不寄望于非物理学家能够理解上述使用抽象术语所阐述的"统计结构"的差异，更不要求他们厘清其中的相关性。为了使表述更加引人入胜，我不妨先透露一下后面将要详细说明的内容，即活细胞最重要的部分——染色体纤维（**可更确切地称作非周期性晶体**）。在物理学中，我们迄今只研究了周期性晶体。一般的物理学家认为，周期性晶体已经是最有趣、最复杂的物质，构成它的最迷人复杂的物质结构，是无生命的大自然中最难解的命题之一。然而，与非周期性晶体相比，其趣味性和复杂性黯然失色。两种晶体在结构上的差异，就如同

---

1 这一观点在英国物理化学家唐南（F. G. Donnan）两篇富有启发性的论文中被一再强调，即他所发表的《物理化学能否描述生物学现象》（《科学》第24卷第78期第10页，1918年）；《生命的奥秘》（《史密森学会报告》第309页，1929年）。

普通壁纸与刺绣作品（比如拉斐尔挂毯）之间的差异。前者是相同图案的简单重复，而后者则是大师匠心独运、浑然一体、富有创意的设计，绝非单调的重复。

如上所述，周期性晶体被物理学家称为最复杂的研究对象之一。事实上，有机化学家在对日益复杂的分子进行研究的过程中，已经对非周期性晶体（在我看来，它们就是生命的物质载体）有所触及。因此，在生命问题上，如果说有机化学家已经大有作为，而物理学家却无所建树，不足为奇。

3 朴素物理学家对生命问题的研究

在简述了我们研究的总体思路，或者更确切地说是锁定了最终范围之后，接下来我将说明一下研究的方法。

我首先想阐释一下"朴素物理学家提出的关于有机体的观点"。即这位物理学家在深入研究物理学尤其是科学的统计基础之后，开始思考有机体的行为和功能方式，并反思：从他简单、明晰、谦逊的科学观点来看，就他目前所掌握的知识，能否在生命问题上"建功立业"。

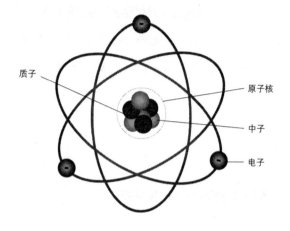

质子

原子核

中子

电子

图1　原子

　　原子是组成物质的基本单位。现在我们知道原子是由质子、中子和电子三种粒子组成的，它们三者又由更小的粒子（例如夸克）组成。

事实证明他是可以的。下一步就是将他的理论预测与生物学事实进行比较。结果证明，他的观点大致切合实际，但仍需进行大幅度的修正。由此，我们才能逐步接近正确的观点，或者更谨慎地说，接近我所认为的正确观点。

但是即使我是正确的，我也不知道我的方法是否就是最好最简单的。总之，这只是我的个人见解，而"朴素物理学家"就是我自己。如果说这是一条弯路，那我也找不到可以更好更清晰地实现这一目标的路了。

4　为什么原子如此之小?

要想阐释朴素物理学家的观点，最好的方法就是提出一个奇怪的、戏谑性的问题：为什么原子这么小？原子确实很小，生活中随处可见的任何微小物体都由大量原子组成。我们设计了许多例子来向大家解释这一事实，但没有一个例子能比开尔文勋爵所使用的例子更令人印象深刻：假设你能把一杯水中的所有分子都标上记号，然后把这杯水全部倒入海中并彻底搅拌，使所有分子均匀分布；如果你从海洋任何一处取一杯水，你将发现，每一杯水中大约有一百个被标记的分子。[1]

原子的实际大小[2]介于黄光波长的1/5000和1/2000之间。这样的比较是有意义的，因为光波波长粗略地表明了显微镜所能分辨的最小晶粒的尺寸。因此，我们可以得知，这么小的一颗晶粒都含有数十亿个原子。

那么，为什么原子会这么小？

显然，这个问题并非是要一个直接的答案，它真正关注的不是原子的大小，而是有机体的大小，尤其是我们自身身体的大小。如果用常用的长度单位"码"或"米"来衡量，原子的确很小。在原子物理学中，人们习惯于用"埃"（简写为

1 当然，你不会恰好找到100个分子（即使这是计算得出的确切结果）。你也有可能会找到88个、95个或107个、112个，但不大可能会少于50个或多于150个。其"偏差"或"波动"的预期值约为100的平方根，即10个。有统计学家指出，该数值可以表示为100±10。此处的讨论到此为止，后文还会提到，它为统计学的定律提供了一个例子。

2 根据当代的观点，原子没有清晰的界限，因此原子的"大小"并不是一个十分明确的概念。但是，我们可以通过固体或液体中，两个原子中心的距离来确定它的大小。当然，这不是在气态下，因为在正常的温度和压力下，气态中的这一距离差不多要大十倍。

Å）作为长度单位，1埃相当于10^{-10}米，原子的直径介于1Å和2Å之间。这些常用的长度单位（相比之下，原子是如此之小）与我们身体的大小关系十分密切。比如"码"，据说来自于一位国王的幽默故事；当国王被大臣问到应该采用什么作为度量单位时，他侧身伸出自己的手臂说道："将从我胸部中央到指尖的距离作为长度单位即可。"不管这个故事是否真实，它对我们的意义十分重大。国王本能地比出了一段与自己身体相当的长度，因为他知道其他任何长度都会不便。虽然物理学家习惯使用长度单位"埃"，但是当他准备做一件新衣服的时候，他更倾向于被告知需要6.5码布而不是650亿埃的粗花呢。

所以，我们的问题实际上针对的是两个长度——我们的身体与原子的长度——之间的比例，而原子独立存在的优先权无可争议，因此这个问题应该被理解为：为什么我们的身体要比原子大这么多？

这就不难想象，那些热衷于研究物理学或化学的学者会对这样一个事实深感遗憾：各个感觉器官几乎构成了我们身体的重要部分，而感觉器官（基于上述比例）又由无数原子组合而成，它们十分粗糙，以至于无法被单个原子活动所影响。因此，我们看不到、听不到，也感觉不到单个原子的活动。我们对原子的假设，与我们并不灵敏的感觉器官的直接发现大不一样，所以无法通过直接观察来检验。

一定如此吗？或是有什么内在的原因吗？我们能否追溯至某种基本原理，以便探明感觉器官为何与自然法则不相一致？

这一次，物理学家能够彻底解决这些问题，而且所有问题的答案都是肯定的。

5　有机体的正常工作需要精确的物理学定律

若非如此，如果人体是一个特别灵敏的有机体，一个或几个原子就能给我们的感官留下可感知的印象，那么不敢想象，生命将是怎样的呢？值得强调的是，这种有机体必然无法发展出一种有序的思维。而它的思维在经历了漫长的早期阶段之后，最终将形成许多种观念，其中也包括了原子观念。

不仅如此，下面的阐释对除了大脑和感觉系统之外的其他器官功能也同样适用。然而，我们最感兴趣的是，人体为什么能感觉、感知和思考。如果不从纯客观的生物学观点来看，在产生感觉和思维的生理过程中，所有其他器官的功能都只能起到辅助作用——至少从人类的观点来看是这样的。此外，选择与人的主观活动密切相关的过程进行研究，对我们的此项任务助益匪浅，尽管我们并不知道这种密切关系的本质是什么。事实上，在我看来，这种关系可能超出了自然科学的范畴，甚至有可能超出了人类的理解范畴。

因此我们面临以下问题：为什么像我们大脑这样的感觉器官，以及附属其上的感觉系统，必须由大量原子构成？原子的物理状态变化与大脑高度发达的思想是如何保持紧密的对应关系的呢？又是出于什么原因，使得概率器官作为一个整体或与环境直接相互作用的某些外围部分来进行工作呢？为何与前述所假设的那种十分精细和灵敏，并且能够对外界单个原子间的碰撞作出响应和记录的（有机体）机制并不一致呢？

这是因为，我们所说的思想：（1）本身就是一种有秩序的东西；（2）只适用于具有一定秩序的物质材料，即感知和经验。这就可能导致两种结果：一是与思想密切对应的身体组织（如同大脑与思想的关系）必须是秩序井然的，也就意味着其中发生的事件必须严格遵循物理学定律，至少其精确度极高；二是外界的其他物体在这个有序的物理系统中产生的物理印象，显然是与相应思想的感知和经验相符合的，这也形成了我所说的那种思想的物质材料。因此，我们的系统与其他系统之间的物理交互通常必须具有一定程度的物理有序性，即它们必须严格遵守物理学定律，并达到一定的精确度。

6　物理学定律以原子统计为基础，因此只是近似的

对于仅由中等数量的原子构成，且对一个或几个原子碰撞十分灵敏的有机体，为什么不能实现上述这些目标呢？

我们知道，所有原子都在一刻不停地进行着完全无序的热运动，这就阻碍了它们进行有序运动，并且阻止了少量原子之间的事件在任何既有定律下发生。只有当大量原子进行协作运动时，统计学定律才能起作用，才能描述原子的这种运动，其精确度也随着运动原子数目的增加而提高。事件因此而获得了真正的有序特征。在生命有机体中，已知起重要作用的所有物理学和化学定律，都属于统计学定律。人们能想到的任何其他类型的规律性和有序性，都因原子的不断热运动而受到永久干扰，并失效。

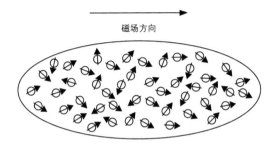

磁场方向

图2 顺磁性
　　顺磁性是指一种材料的磁性状态，即某些材料被来自外部的磁场微弱地吸引，但不能形成磁场。

7　统计学定律的精确度基于大量原子的介入

第一个例子：顺磁性

　　接下来，我将试着从数千个例子中随意挑选几个来说明这一点，虽然对于初次接触这方面知识的读者来说，它们不一定最具吸引力，但是这些定律在现代物理学和化学中却是最基础的，就像生物学中"有机体由细胞组成"的概念，天文学中的牛顿定律，以及数学中的整数系列1，2，3，4，5……一样。我们不能寄望于一位完完全全的初学者，仅从下面几页内容中就能彻底了解并掌握这一主题——与路德维希·玻尔兹曼[1]（Ludwig Boltzmann）、威拉德·吉布斯[2]（Willard Gibbs）这些卓越的名字联系在一起，并被列入教科书关于"统计热力学"的内容之中。

如果给一个长方形的石英管注满氧气，再将其置于磁场中，则会发现氧气被磁化。[3]磁化现象出现的原因，是因为氧分子就是小磁体，并且倾向于像指南针一样与磁场平行。但是，氧分子并没有全都变得与磁场平行。如果将磁场强度增

---

1 路德维希·玻尔兹曼（1844—1906年）：奥地利著名的物理学家和哲学家，在热力学和统计力学领域贡献卓越。

2 威拉德·吉布斯（1839—1903年）：美国物理化学家、数学物理学家，化学热力学和经典统计力学的创始人；提出了吉布斯自由能与吉布斯相律；被誉为"近代物理化学之父"。

3 选择气体作为研究对象是因为它比固体或液体更容易操作，虽然气体的磁化强度极弱，但是这并不影响我们的理论探讨。

倍，氧气中的磁化强度也会倍增，也就是说，磁化将随着磁场的增强而增强，而且与磁场平行的氧分子数量也会越来越多。

这是纯统计学定律中一个特别显著的例子。磁场方向的趋向，不断受到分子随机热运动的扰乱。实际上，二者对抗的结果，只是使磁偶极轴与磁场之间更容易形成锐角，而非钝角。虽然单个原子不断改变自身取向，但是其中（由于它们的数量巨大）与磁场方向成比例的取向，普遍具有恒定的优势。这一巧妙的结论来自于法国物理学家保罗·朗之万[1]（Paul Langevin）。它还可以通过以下方法进行验证：

通过观察可以发现，弱磁化确实是梳理所有分子使之平行的磁场与随机取向的热运动的对抗的结果，那么也许可以通过削弱热运动即降低温度来增加磁化强度，而无需加强磁场。试验正好证实了这一点：磁化率与绝对温度成反比，与理论（居里定律）的定量是一致的。我们甚至可以利用现代设备来降低温度，极大地减缓分子的热运动，使其运动呈现出与磁场方向一致的趋势，就算不能完全呈现出这一趋势，至少也能

---

1 保罗·朗之万（1872—1946年），法国著名物理学家，主要成就有"朗之万动力学""朗之万方程"。

实现部分"完全磁化"。在这种情况下，磁化强度也许不会随着磁场强度的增强而增强，反而会随着磁场强度的增强而减弱，直至接近所谓的"饱和"。这一预期也得到了定量试验的证实。

值得注意的是，要想产生可观察到的磁化强度，完全取决于参与协作运动分子的巨大数量。否则，磁化就不是恒定的，而是通过从上一秒到下一秒的极不规则的变动，成为热运动与磁场相互对抗和制约的明证。

第二个例子：布朗运动[1]、扩散

如果让密封的玻璃容器下部充满由微小水滴组成的雾气，我们会发现，雾气的上部逐渐下沉，其下沉的速度由空气的黏度、水滴的大小和比重决定。但是，如果我们在显微镜下观察单颗小水滴，就会发现它们并非始终以不变的速度下沉，而是进行着极不规则的运动，即所谓的布朗运动，只有从整体

---

1 布朗运动：由英国植物学家布朗（R. Brown）发现，并因此而得名。它是指悬浮在液体或气体中的微粒在一刻不停地做着无规则运动。

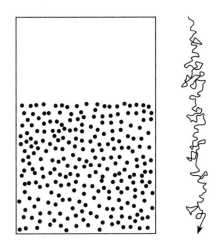

图3　下沉的雾（左）和下沉液滴（右）的布朗运动

　　当雾沉降的时候，悬浮在雾气中的小液滴会受到来自各个方向的分子的碰撞，而不断改变自身的方向，从而进行不规则的运动，即布朗运动。温度越高，布朗运动越剧烈。它也间接显示了物质分子处于永恒的无规则的运动之中。

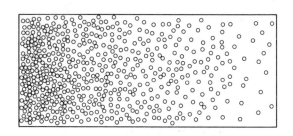

图4 分子在不同浓度的溶液中从左向右扩散

　　扩散是指物质从高浓度区域向低浓度区域运动的过程。液体和气体会发生扩散，因为它们的颗粒会在各个地方随机移动。扩散是生物维持新陈代谢的重要过程，是物质出入细胞的重要方式之一。

来看，这种运动才会呈现出一种规则的下沉趋势。

　　这些微小水滴虽然不是原子，但是它们又轻又小，能感受到单个分子对其表面的持续性碰撞。因此，它们总是处于被碰撞的状态，而只有从整体来看，它们才受到了重力的影响。

　　可想而知，如果我们的感官对少数几个分子的碰撞也能明显感知，那么我们的体验必定是奇特有趣的。一些细菌和有机体如此微小，但却能受到这种现象的强烈影响。因自身无法自主运动，所以它们的运动取决于周围分子的热运动。如果它们有自主移动能力，那么它们可能会成功地从一个地方移动到另一个地方——不过这有些困难，因为热运动会将它们像小船一样抛进汹涌的大海中。

有一个非常类似于布朗运动的现象——扩散现象。我们想象在一个容器内装满液体，比如水，水中溶解有少量的有色物质，比如高锰酸钾。它的浓度不是完全均匀的，而是如本章图4所示，小圆点表示溶解物质（高锰酸钾）的分子，其浓度从左到右递减。如果不对该装置进行任何处理，它就会进行一个非常缓慢的"扩散"过程：高锰酸钾分子从左向右扩散，即从浓度较高的地方向浓度较低的地方扩散，直到这些分子在水中均匀地分布。

在这个看似简单且不那么有趣的过程中，需要注意的是，这里绝非像人们所想象的那样，促使高锰酸钾分子从浓度高的地方扩散至浓度低的地方是出于一种倾向或力量。与一个国家的人口向那些有更多活动空间的地区迁移的情况有所不同，高锰酸钾分子不会产生这种反应。每个高锰酸钾分子都是独立于其他分子而运动的，它们彼此之间很难发生碰撞。但是，无论是在高浓度区还是低浓度区，高锰酸钾分子都有同样的命运，即不断地遭到水分子的撞击，逐渐向一个不可预知的方向移动——有时向更高浓度的方向移动，有时向更低浓度的方向移动，有时则倾斜移动。高锰酸钾分子的这种运动，常被比作是一个急切"行走"的蒙眼人在开阔的土地上毫无目的地移动，因此它在运动过程中总是不断地改变方向。

高锰酸钾分子的这种随机运动（也并不特别指高锰酸钾分子），应该会变成一种向较低浓度流动，并最终使分子分布均匀的规则。乍看之下，这似乎令人难以理解，实则不然。如果将图4看作一块块浓度近似恒定的薄片，那么在某一特定的时刻，包含在某一特定薄片中的高锰酸钾分子随机游走，以均等的概率向左或向右移动。正因如此，在一个分隔两部分的薄片平面上，有更多来自左侧的分子通过，这仅仅是因为在左侧进行随机运动的分子比右侧的多。正因如此，均衡状态就会表现为从左到右的规则流动，直到分子均匀分布。

如果用数学语言来精确表述扩散定律，则可以用下面的偏微分方程来表示：

$$\frac{\partial \beta}{\partial \tau} = D\nabla^2 \rho$$

虽然三言两语就能将这个方程式解释清……算这么做，以免给读者造成困扰。这里之所……确的扩散定律"，即在每一种特定应用中，……然会受到挑战。基于纯粹的偶然性，其有……通常来说，如果这是一个好的近似，那么……象中参与的分子数量巨大。我们因此可以预测，分子数量……随机误差就越大——在有利的条件下可以观察到这些误差。

第三个例子：测量精确性的限度

我们列举的最后一个例子与第二个例子非常相似，但它具有独特的意义。物理学家为了测量使物体偏离平衡位置的弱力，通常会将一个轻质物体（根据不同的目的选择不同的轻质物体）悬吊在一根细纤维绳上，使其保持平衡后，分别对其施加电力、磁力或重力来使之围绕垂直轴旋转。物理学家在致力于提高这种常用的"扭力天平"设备的精密度时，发现了一个奇特而有趣的极限。随着轻质物体越来越轻，纤维绳越来越细、越来越长，（使"扭力天平"能够感应到越来越弱的力），悬吊物体明显受到周围分子热运动的影响，并开始围绕其平衡位置不停地作不规则"舞蹈"时——就像第二个例子中小水滴的颤动一样——就达到了精密度极限。虽然这一行为并非是要得到"扭力天平"的测量精密度极限，但分子热运动却测得了一个实用的极限。

热运动的不可控效应与被测量的力的作用竞争，使得肉眼所观察到的单个偏离毫无意义。为了消除布朗运动对仪器产生的影响，我们必须综合多次观察结果来考量。在我看来，这个例子对我们目前的研究工作十分具有启发性。因为我们的器官就好比一种仪器，正如我们所看到的那样，如果它们变得太过敏感，就会显得无用。

8 $\sqrt{n}$ 律

接下来，我不会再举例，但我要补充的一点是：任何与有机体内部相关的，或是有机体与环境在相互作用的过程中的物理或化学定律，都可以作为这方面的例子。详细的解释也许显得更为复杂，但其要点仍然相同，所以过多的描述反而会令人索然无味。

但是，我想对所有可能存在不精确度的物理学定律作一个非常重要的声明，即所谓的 $\sqrt{n}$ 律。为此，我将通过一个简单的示例来进行说明，进而概括。

如果我告诉你，在一定的压力和温度条件下，某种气体具有一定的密度，或者更具体地说，在一定的压力和温度条件下，一定体积内（与特定试验的需求相符）正好有n个气体分子。那么可以确定，如果你在某个特定时刻对此进行验证，你将发现这一结论并不精确，反而存在误差，且误差值约为 $\sqrt{n}$。因此，如果n值为100，你将发现偏离约为10，即相对误差率为10%。但是如果n值为1000000，那么偏离可能约为1000，即相对误差率为0.1%。大体说来，这一统计学定律是普遍存在的。物理学和物理化学定律并非完全精确，其可能的相对误差值在 $1/\sqrt{n}$ 以内，其中n是协同产生该定律——针对某些假定或特殊试验，使之在重要的空间或时间（或两者）范围内生效——的分子数量。

由此我们可以看到，无论是有机体的内部生命，还是其与外部世界的相互作用，若要符合精确的统计学定律，就必须拥有一个相对较大的结构。否则，参与的分子数量越少，"定律"就越不准确。虽然1000000是一个庞大的数字，但是要符合普遍适用的"自然定律"，其1‰的相对误差（即999‰的精确度）还不够好。

第 *2* 章 | **遗传机制**

存在是永恒的；因为宇宙的法则守护了
生命的宝藏，使之形成风华万物。

——歌德

1 经典物理学家的预期是错误的

于是，我们得到结论：有机体及其经历的全部生物学过程，必须具备极其多的"多原子"结构，还必须要防止偶然性的"单原子"事件起主导作用。"朴素的物理学家"告诉我们，这一点至关重要，因此，有机体在符合十分精确的物理学定律下，进行着奇妙而有序的规则活动。从生物学角度来看，这些根据先验论（即从纯物理学角度）得出的结论，是否与生物学事实相符合呢？

这些结论给人的第一印象是了无新意。生物学家，甚至是30年前的生物学家，可能也得出过相同的结论。虽然，由一位深受欢迎的演讲者来强调统计物理学在有机体生命过程中的重要性再合适不过，但其实这一点早已被人们所熟知。因为，不单是高等物种的成年个体的躯体，甚至还有组成身躯的每一个细胞，都包含了不计其数的各种单原子。我们所能观察到的——或者是30年前就已经可以观察到的——在每一个特定的生理过程中，无论是在细胞内部还是在与环境的相互作用中，都涉及如此庞大数量的单原子参与，即使是在统计物理学极其苛刻的"多数"要求下，物理学和化学的所有相关定律都能确保其有效性。而我正是用这些定律来说明这一要求的。

现在我们知道，这个结论是错误的。正如我们所看到的那样，在有机体内有大量小到令人难以置信的原子团[1]。这些原子团由于太小而无法显示出精确的统计学定律，但是它们却在有机体规律有序的活动中发挥着主导作用。它们控制着有机体，并使其在发育过程中获得可观察的大量性状，这决定了有机体的重要特征；严格的生物学定律在这些方面体现得淋漓尽致。

首先，我必须简要地介绍一下生物学，尤其是遗传学的情况。换句话说，我必须总结一下我并不精通的学科知识的现状。这是无奈之举，我为自己的浅薄之见感到抱歉，尤其是对生物学家。另一方面，请允许我多少带点教条主义地将主流观点摆在你们面前。一个蹩脚的理论物理学家，不可能对试验证据做出有效的考察。一方面因为这类考察具有前所未有的独创

---

[1] 原子团，指作为一个整体参加化学反应的原子集团，它属于分子的一部分。在由三种或三种以上元素组成的化合物分子中，常含有某种原子团。

性，即来自长期精心设计的大量育种试验；另一方面则通过先进的现代显微技术对活细胞进行直接观察。

2 遗传密码本（染色体）

请允许我在生物学家所说的"四维模式"上，使用有机体的"模式"一词。它不仅表示该有机体在成年或其他任何特定阶段的结构和功能，还表示有机体从受精卵到能够自我繁殖的整个发育过程。现在，我们已经知道整个四维模式是由受精卵的结构决定的。此外，我们还知道受精卵是由占该细胞很小一部分的细胞核结构所决定的。当细胞处于"休眠状态"时，细胞核中的遗传物质通常表现为网状染色质[1]。但是在至关重要的细胞分裂（有丝分裂和减数分裂，见下文）过程中，可以观察到由一组纤维状或棒状的颗粒所组成的物质，即染色体，其数量往往为8或12，在人类中为46。也许我应该将这些说明性的数字写作 2×4，2×6……2×23，并称它为两套染色体，这

---

1 网状染色质：字面意思为"呈现出颜色的物质"，即在显微镜下使用某种染料，可使其呈现出颜色的物质。

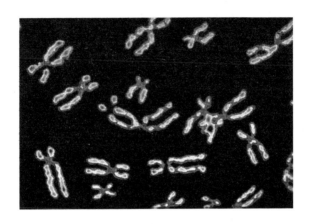

图5　染色体

　　通常一条染色体含一个DNA分子，其中包含了生物体的部分或全部遗传物质。大多数真核细胞的染色体都含有一种被称为组蛋白的包装蛋白，在伴侣蛋白的作用下，组蛋白结合并压缩DNA分子以保持其完整性。因染色体具有复杂的三维结构，所以其在转录调控中发挥着重要作用。

是生物学家惯用的表达方式。尽管有时可以通过形状和大小来区分单个染色体，但有时两套染色体几乎完全相同。稍后我们将看到，这两套染色体中一套来自母亲（卵子），一套来自父亲（精子）。正是这些染色体，或者可以说只是我们在显微镜下实际观察到的染色体的轴向骨架纤维，以某种编码方式控制着个体的发展及个体走向成熟的整个过程。每一套完整的染色体都含有完整的密码；因此，受精卵通常含有两个密码本副本，这也形成了未来个体发育的最初阶段。

当我们将染色体纤维结构称为密码本时，这意味着我们拥有了像拉普拉斯（Pierre-Simon Laplace）曾经构想的"一种能够洞悉一切因果的'超凡理解力'"，即根据卵的结构判断它在合适的条件下是发育成一只黑公鸡还是发育成一只斑点母鸡，是长成一只苍蝇还是长成一棵玉米、一株石楠、一只甲虫、一只老鼠或一个女人。值得补充的是，通常不同物种的卵细胞其外观极为相似；即使不相似，比如鸟类和爬行动物的卵子差异就比较大，但是与遗传有关的结构的差异也不如营养物质的差异大，后者的差异是显而易见的。

然而，"密码本"这个术语还是过于狭义。染色体的结构有助于预测个体发育。可以将它比作是法律法规与行政权力——或者用另一个比喻来说，它们是建筑师的设计和建造者的工艺——的完美结合。

3 细胞的有丝分裂是机体生长的基础

在个体发育[1]中，染色体是如何变化的呢？

有机体的生长受到连续细胞分裂的影响。这种细胞分裂被称为有丝分裂。由于组成人体的细胞数量庞大，所以每个细胞发生的有丝分裂并不像人们预期的那样频繁。一开始，这种分裂是极为迅速的，从一个受精卵分裂为两个"子细胞"，紧接着分裂为4个，然后是8个、16个、32个、64个……对处于生长状态的身体来说，各个部位的分裂频率不尽相同，因此这些数字的规律性被打破了。但是，从细胞的快速分裂中，我们通过简单的计算就能推断出，平均只需发生50或60次连续分裂，就足以产生构成一个成年人所需的细胞数量——如果将人一生

[1] 个体发育是指个体从受精卵发育至性成熟的过程，与之相对的是系统发育，后者是指生物种系在地质时期的发育过程。

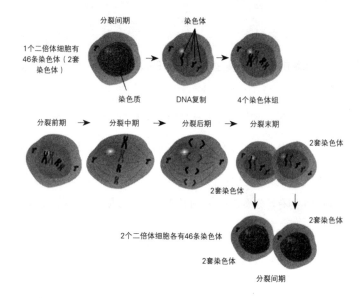

分裂间期

染色体

1个二倍体细胞有
46条染色体（2套
染色体）

染色质　　　　　DNA复制　　　　4个染色体组

分裂前期　→　分裂中期　→　分裂后期　→　分裂末期

2套染色体

2套染色体

2套染色体

2个二倍体细胞各有46条染色体

2套染色体

分裂间期

图6　有丝分裂

有丝分裂是指真核细胞通过复制染色体并产生两个相同的细胞核，进而分裂为2个细胞的过程。通常，有丝分裂后细胞核和其他细胞内含物被立即等分形成两个子细胞。

中更新的细胞考虑在内的话，那么将是这个数目的10倍[1]。因此，就平均而言，我的一个体细胞仅仅是生长发育成我的那颗受精卵的第50或第60代"后代"。

4　在有丝分裂过程中，染色体皆可复制

在有丝分裂中，染色体是如何变化的呢？染色体，包括两套染色体或遗传密码的两个副本都可以复制。人们已经通过显微镜，对这个至关重要的复制过程进行了深入研究，但是由于它太过复杂，在此就不作详细说明了。其中的要点是，两个"子细胞"均获得了另外两套与亲代细胞完全相同的染色体作为遗传物质。因此，所有体细胞的染色体（遗传物质）都是完全相同的。[2]

然而，无论我们对以上机制有多少了解，都不得不认为它在某种程度上必定与有机体的机能是极其相关的，即每个细

---

1 这个数目大致为10^{14}或10^{15}。

2 请生物学家原谅我在这一简短的总结中忽略了嵌合体这种特殊情况。

胞，即使是不那么重要的细胞，都应该拥有完整的（两套）密码本副本。前段时间有报纸报道，在非洲战役中，蒙哥马利将军要求其麾下的每一位士兵都要熟知自己的全部作战计划。如果这是真的（鉴于他军队的士兵有高度忠诚，这是有可能的），那么它就为我们的结论提供了一个很好的类比，而事实也的确是真实无误的。最令人惊奇的是，在整个有丝分裂过程中，染色体一直保持其双重性——这是遗传机制的显著特征，但它却在我们即将讨论的唯一一种偏离的情况中体现出来。

5 减数分裂和受精（配子配合[1]）

当个体开始发育后不久，一些细胞被保留了下来，用于后期产生配子（具体是精细胞还是卵细胞则视情况而定），以满足成年个体繁殖所需。"保留"意味着这些细胞在此期间不用于其他作用，并且它们有丝分裂的次数也有所减少。除了

---

1 配子配合，指受精后雄原核与雌原核结合成为一个合子核的过程。配子，指生物在进行有性繁殖时所产生的一种成熟性细胞，可分为雄配子（精子）和雌配子（卵子）。

有丝分裂，还有一种特殊的或具有还原性的分裂（称为减数分裂）。它是有机体在成年时期用于产生配子所借助的一种分裂方式，通常只在配子配合前的极短时间内发生。

在减数分裂过程中，亲代细胞的两套染色体直接分开，并分别与两个子细胞配合。也就是说，在减数分裂中，染色体的数目不会像有丝分裂那样成倍增加，而是保持不变，因为每个配子只能获得一半染色体，即仅可获得一套而不是（完整的）两套密码副本。比如，人体的配子细胞中只有23条染色体，而不是$2 \times 23 = 46$条。

只有一套染色体的细胞或个体称为单倍体（源自希腊语 $\alpha\pi\lambda\sigma\nu\varsigma$，意为单一）。因此，配子是单倍体，普通体细胞是二倍体（源自希腊语 $\delta\iota\pi\lambda\sigma\nu\varsigma$，意为双倍）；有三套、四套或多套染色体的体细胞则称为三倍体、四倍体或多倍体。

在配子配合中，雄配子（精子）与雌配子（卵子）皆为单倍体。二者结合形成受精卵，即二倍体，其染色体一套来自母亲，一套来自父亲。

6 单倍体

还有一点需要纠正。虽然它对于我们的研究并没有那么重要，但它着实有趣，因为它表明，每一套染色体实际上都包含了有机体"模式"相当完整的密码本。

也有一些例子说明，存在卵原细胞减数分裂后并不立即受精的情况，即单倍体细胞（配子）在进行多次有丝分裂之后，最终形成一个完整的单倍体个体。雄蜂就是由蜂后未受精的单倍体卵子直接发育而来，是孤雌生殖的产物。也就是说，雄蜂没有父亲！雄蜂身体的所有细胞都是单倍体，当然你也可以称它为一颗巨型卵子。众所周知，这实际上也是雄蜂生命中唯一的使命。然而，这个观点也许是荒谬的，因为这种情况并非是特例。在一些植物科中，通过减数分裂产生的单倍体配子（称作孢子）落到地上，像种子一样发育成真正的单倍体植物，大小与二倍体相当。

图7是森林中随处可见的苔藓植物的草图。其有叶片的下部是单倍体植株，称为配子体；其上端发育出了性器官和配子，所以它们可以通过一般方式相互授精而生成二倍体植株，

即顶端生有孢蒴的裸茎，这被称为孢子体，因为它通过减数分裂在孢蒴中产生孢子。当孢蒴（成熟）开裂后，孢子散落到地上，发育成叶状茎，周而复始。这个连续的过程被形象地称为世代交替[1]。当然也可以认为人与动物亦是如此。但是"配子体"世代非常短暂，至于是生成精子还是卵子，则视情况而定。我们的身体相当于孢子体，我们的"孢子"就是那些保留的细胞，它们通过减数分裂形成新一代单倍体细胞。

7 减数分裂中的显著遗传关系

在个体的繁殖过程中，真正起决定性作用的事件不是受精，而是减数分裂。无关机遇与命运，一套染色体来自父亲，一套来自母亲，即每个男人[2]的遗传基因一半来自母亲，一半来自父亲，至于是母亲的还是父亲的基因更占优势，则取决于

---

1 在某些植物与动物的生活史中，产生孢子的孢子体世代，与产生配子的配子体世代，有规律地交替出现的现象，叫做世代交替。

2 当然，每个女人也一样。避免内容冗长，我在这一节中略去了性别决定和伴性性状等有趣的方面。

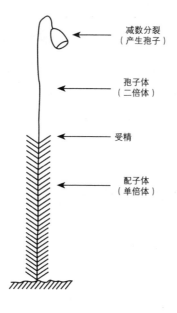

图7 世代交替

　　世代交替是生命周期的一种类型，主要发生在部分低等植物和藻类中，它们可以进行单倍体有性繁殖和二倍体无性繁殖。

我们稍后将讨论的其他原因（当然，性别优势是普遍存在的）。

然而，当我们将遗传的起源追溯至我们的祖父母时，情况就变得不同。请允许我首先关注来自我父系的染色体组，尤其是第5号染色体。它要么是我父亲从他的父亲那里得到遗传，要么是我父亲从他的母亲那里得到的第5号染色体的完美复制品。而关键点在于，1886年11月的某天，在我父亲体内进行减数分裂所产生的精子，在几天之后使他正式成为了我的父亲。也就是说，促成我诞生的精子，这里面所包含的第5号染色体的完美复制品，究竟是来自我的祖父还是祖母，其概率为50%∶50%。而我父系染色体组的第1、2、3、23号染色体，和我母系染色体组的每一条相应染色体，都遵循同样的原理。此外，所有46条染色体的遗传起源都是完全独立的。即便我知道我的第5号父系染色体来自我的祖父约瑟夫·施罗德，那么我的第7号染色体仍然有50%的概率来自我的祖父或他的妻子玛丽·尼·博格纳。

8　同源染色体交叉互换，性状定位

事实上，后代得到祖父母混合遗传的概率比上述所讨论的理论概率要大得多。在上述讨论中，我们已经默认或明确了一点，即将一条特定的染色体作为一个整体，这条染色体要么来自祖父，要么来自祖母，也就是说，单条染色体是整条遗传的。然而，事实并非如此，或者说并非总是如此。在（比如父体的）减数分裂过程中，任何两个"同源"染色体将会彼此紧紧靠拢，在它们分离之前，有时会以图8所示的方式进行整段交换，即"交叉互换"。在这个过程中，位于该染色体各自部分的两个性状将在孙辈身上分离，孙辈将遗传祖父的一种性状和祖母的一种性状。这种既非罕见亦非频繁的交叉行为，为我们提供了关于染色体中性状定位的宝贵信息。如果要对此进行详细说明，就必须用到下一章涉及的一些概念（例如杂合性、显性等）。但是，这样的详细说明就超出了本书的内容范围，所以请允许我在此仅列出要点。

如果没有交叉互换，属相同染色体的两个性状将总是一起遗传给后代，而不会只遗传其一。但是，不同染色体所属的

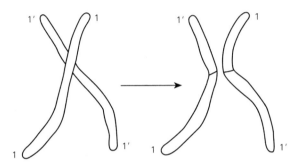

图8 互换

　　互换是指在减数分裂过程中同源染色体的非姐妹染色单体之间
进行遗传物质的交换,从而在子细胞中产生新的等位基因组合。上图
左为两条靠拢的同源染色体;上图右为同源染色体交换与分离之后。

两个性状，要么有50%的概率被分开，要么总是被分开——当这两个性状位于同一个祖先的同源染色体时，则属于后一种情况，它们也许永远不可能一起遗传给后代。

然而，交叉互换破坏了这些规则。因此，可以通过开展繁育试验来详细记录子代的组成百分比，以此确定交叉互换发生的概率。在分析统计数据时，人们接受了一种具有暗示性的假设，即位于同一染色体中的两个性状之间的"连锁"被交叉互换破坏得越少，它们彼此越靠近。这样一来，它们之间形成交换点的概率就变小，而位于染色体两端的性状则因每次交叉互换而分开。（该原理同样适用于位于同一祖先的同源染色体中的性状重组。）通过这种方式，人们有望从"连锁统计数据"中获得每一条染色体的"性状图"。

以上预测均已得到充分证实。在相关的严谨试验中（试验材料以果蝇为主），所试验的性状实际上可分为许多独立的组，组与组之间没有连锁，因为它们存在于不同的染色体之上（果蝇就有4条）。每一组都可以绘制出一幅线形的性状图，定量地说明该组中任意两者之间的连锁程度。因此毫无疑问，这些性状是沿着一条直线定位的，正如染色体的棒状形态所表现的那样。

当然，用图表来描述遗传机制是相当空洞和无趣的，甚至略显幼稚。因为我们并没有明确我们从一个性状中了解到了什么。我们将本质为一个统一"整体"的有机体模式割裂为独立"性状"，这似乎既不合理也不切实际。现在，我们在任何具体事例中都需要实际说明的是，如果一对祖先（夫妇）在某一方面有着明显的差异（比如一个是蓝色眼睛，一个是棕色眼睛），那么其后代在这一方面就会遗传到他们两个性状中的一个。在染色体上我们所定位的就是这种性状差异的位置（专业术语称之为"**基因座**"[1]）。在我看来，真正的概念是性状的差异，而非性状本身，尽管这种说法在语言和逻辑上存在明显的矛盾。性状的差异实际上是各自独立的，这一点我们在下一章讲突变时也会讨论到，同时我也希望，后面的讲解能使以上枯燥无味的图表描述变得生动起来。

1 基因座，指基因在染色体上所占的特定位置。

9 基因的最大体积

在上述描述中，我们引入了"基因"这一术语，用于表示具有确定的遗传特征的假设物质载体。现在，我们必须强调与我们研究密切相关的两点：第一点是这种载体的体积——或者更确切地说，是它的最大体积，换句话说，我们能定位到它的最小体积是多少？第二点是基因的持久性，这可以从遗传模式的持久性推断出来。

关于基因体积的估算，有两种不同的方法：一种是基于遗传学证据，即繁育试验；一种是基于细胞学证据，即直接通过显微镜观察。第一种方法的原理非常简单，按照上述方法，先把特定染色体（比如果蝇）内的大规模不同性状定位好以后，再将所测得的该染色体的长度除以性状的数目并乘以染色体的横截面，就能得到基因体积的估算值。当然，那些被我们视为不同的性状，仅是因互换而偶然分离所造成的，而不是因为具有相同的（微观或分子）结构。另一方面，我们显然只能估算出基因的最大体积，因为随着研究工作的不断深入，通过遗传学分析而分离出的性状数量正在持续增长。

第二种方法虽然是基于显微镜观察，但实际上并没有那么直接。果蝇的某些细胞（即唾液腺细胞）因为种种原因而极度增大，其染色体也是如此。我们可以根据它们的纤维分辨出密集的暗色横纹图案。达林顿[1]（C. D. Darlington）指出，这些横纹的数量（在他的研究实例中为2000条）虽然较大，但与通过繁育试验所确定的位于该染色体上的基因数量大致相当。他更倾向于认为这些横纹表示了实际基因（或基因的分离度）。他通过在体积正常的细胞中所测得的染色体长度，除以其横纹数量（2000），发现一个基因的体积相当于一个边长为300埃的立方体。考虑到估算的误差，我们也可以认为这与第一种方法所测得的体积大小差不多。

10 基因所包含的原子数量

关于统计物理学对我所回顾的所有事实的影响的详细讨论——或者应该说，这些事实对统计物理学在活细胞中应用的

---

1 达林顿：英国细胞遗传学家，他在细胞学和遗传学方面都有大量的研究成果。

影响。但是现在我要提醒大家注意的是，在液体或固体中300埃只相当于大约100或150个原子的距离，因此，一个基因所包含的原子数量必定不会超过一百万或几百万个。这个数量太小了（从 $\sqrt{n}$ 律的观点来看），以至于无法遵循统计物理学也就是无法遵循物理学定律进行合理有序的活动。即使所有的这些原子就像在气体或水滴中那样发挥相同的作用，这个数量还是太小。而且基因肯定不只是一滴同质的水滴，它可能是一个大的蛋白质分子，其中每个原子、自由基和杂环都发挥着各自的作用，且或多或少都不同于任何其他类似原子、自由基或杂环所起的作用。总之，这是霍尔丹和达林顿等遗传学家的权威观点，而我们即将讨论的遗传试验也近乎证明了这一点。

11 遗传物质具有持久性

现在我们需要讨论的另一个密切相关的问题是，结合我们的经验，遗传性状保持的不变性（持久性）的概率有多大？我们因此而了解的其载体的物质结构应该是怎样的呢？

对于这个问题，我们无需进行任何专门的研究就能给出答案。既然我们已经在讨论遗传性状，这就表明我们已经认识到它必然存在持久性。我们无法否认，父母遗传给孩子的不仅仅是鹰钩鼻、短手指、风湿病倾向、血友病、二色性色盲等各种特征——当然，这些特征有利于我们研究遗传法则；实际上这更是一种"表型"的整体（四维）模式，是个体可被观察到的显著特征，代代相传也几乎没有什么变化。这是通过配子结合形成受精卵使两个细胞核中的物质结构得以传递，虽然不能说这种不变性可以保持数万年，但它至少可以保持几个世纪，不得不说它是一个奇迹。若是还有比它更伟大的奇迹，那就是与之密切相关却处于不同层面的一个事实：整个人类完全基于这种奇妙的相互作用而存在，却又具有获取大量这方面知识的能力。在我看来，将这些知识推进到完全理解第一个奇迹是很有可能的。因此，这第二个奇迹可能已经超出了人类的理解范畴。

第 *3* 章 **突　变**

　　将现实中迷离恍惚的东西，拴牢在永恒
的思想之中。

——歌德

1 "跳跃式"突变：自然选择的基础

前面证明了基因结构具有持久性的事实，这对于我们来说可能太过熟悉，以至于不会引人重视或令人信服。谚语"有例外，才能证明规律的存在"是不无道理的。如果子女总是毫无例外地与父母相似，人类就没有必要为了揭示遗传机制而开展一系列精彩的试验，自然界也就没有必要为了"锤炼"物种而展开大规模的自然选择与适者生存的"试验"。

接下来，我就从自然选择开始，谈一谈相关事实——很抱歉，我再次申明，我不是生物学家。

达尔文认为，那些在最纯的种群中所发生的微小的、连续的、偶然的变异，为自然选择提供了基础。在今天看来，他的这一理论无疑是错误的，因为事实已经证明，这类变异并非遗传所致。对于这样一个非常重要的事实，我觉得有必要作出简要说明。

假定你在一批纯种大麦中分别测量其芒的长度并将统计结果绘制成图，你将得到一个如下文所示的柱形图（图9），其横轴代表麦芒长度，纵轴代表麦穗数量。换句话说，中等长

50

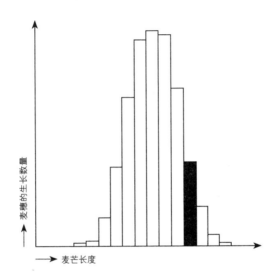

图9 麦芒柱图

　　图为纯种作物芒长的统计。黑色组将被选中播种。（数据并非来自真实的试验，而是为了进行说明。）

度的麦芒其麦穗数量占据优势，并且以特定频率向左或向右偏移。现在挑拣出一组大麦（图中的黑色组），其麦芒长度明显超过中等长度，其数量足够让它们自行在田间"播种"出苗。在对新长出的大麦做相同的统计时，达尔文希望相应的结果向右偏移。也就是说，他原本是希望通过选择来达到增加麦芒平均长度的目的。然而，试验选用的是真正的纯种大麦，情况却不同。统计新长出的大麦可获得新的统计图，结果与第一次的统计图相同，如果选用麦芒极短的大麦，结果也一样。在这个过程中，说明自然选择并不起作用，因为微小的、连续的变异不受遗传物质的影响。很显然，这种变异不是基于遗传物质的影响，而是偶然出现的。大约在40年前，荷兰人德弗里斯[1]（Hugo de Vries）发现，即使在完全纯种的后代中，也有极少数（比如万分之二或万分之三）个体出现了微小但"跳跃式"的变化。所谓"跳跃式"，并不是说变化特别明显，而是指这种变化存在不连续性，即在不变和少数变化之间没有中间形式。

---

1 德弗里斯：荷兰植物学家和遗传学家，早年研究植物生理学，并得到达尔文的赏识，后转向研究遗传学，是孟德尔定律的三个重新发现者之一。

德弗里斯将这种变化称为"突变"，其重点在于不连续性。物理学家由此联想到量子理论——在两个相邻的能级之间不存在中间能量状态，并因此将德弗里斯的突变理论比作生物学的量子理论。稍后我们将看到，这不仅仅是比喻，更是一种伟大的发现。突变实际上是由基因分子中的量子跃迁所引起的。但是当德弗里斯在1902年首次宣布自己的发现时，量子理论才诞生不超过两年。难怪跨越了一代人才发现了二者之间的紧密联系。

2　可以被完全遗传下去的真实遗传[1]

与没有发生变化的原始性状一样，突变也可以被完全遗传下去。举个例子，在上述纯种大麦的第一次收成中，有几穗明显超出了图9的变异范围，比如完全没有麦芒。这种变异可能就是德弗里斯突变，并被完全地真实遗传，也就是说，它们所有的后代将同样无芒。

1 真实遗传：一种子代性状永远与双亲性状相同的遗传方式，
或指生物性状能够一代代稳定遗传。

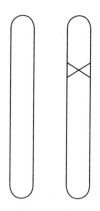

图10 杂合突变

　　杂合突变是指仅有一个等位基因的突变。复合杂合突变由父本和母本等位基因中的两个不同突变组成。图为杂合突变体，"×"代表突变基因。

因此，突变必定是遗传体系内部的一种变化，并且必须通过遗传物质的某些变化来解释。事实上，大多数揭示遗传机制的重要繁育试验都是通过精心的设计后才开展的，将发生突变（或在许多情况下，发生多重突变）的个体与未发生突变的个体或不同突变的个体进行杂交，然后对其产生的后代进行详细分析。另一方面，由于突变真实遗传，所以它是达尔文所描述的自然选择（使生存不适者淘汰，从而产生新物种）的合适基础。关于达尔文理论，我们只需将其中的"微小的偶然变异"替换为"突变"（就像量子理论用"量子跃迁"代替"能量的连续传递"一样）即可。换句话说，如果我正确阐释了大多数生物学家的观点，那么达尔文理论的其他方面几乎没有必要作出任何修正。[1]

---

[1] 关于向有益或有利方向发生的明显突变倾向，是否有助于（如果不是替代）自然选择这一问题，我们已经进行了充分的讨论。我个人对此的看法无关紧要，但必须说明的是，以下所有内容都忽略了"定向突变"的可能性。此外，无论"开关"基因与"多基因"的相互作用对自然选择和进化的实际机制有多么重要，我都无法在这里进行讨论。

3　隐性和显性基因

现在，我们必须重新定义关于突变的其他一些基本事实和概念，并再次以一种略带教条主义的方式去研究它们，而不是直接展示它们是如何从试验中逐步得到证明的。

我们猜想，肉眼可见的显著突变是由其中一条染色体的定域[1]变化所引起的，事实也正是如此。很重要的一点是，我们清楚地知道，这只是一条染色体的变化，而不是同源染色体相应"基因座"的变化。图12为其相应的简化示意图，其中"×"表示突变的基因座。当突变个体（一般称为"突变体"）与非突变个体杂交时，仅有一条染色体受到影响，即正好一半的后代表现出突变性状，而另一半的后代则表现为正常性状。这是突变体减数分裂时两条染色体分离的结果，如图11所示。这是一个"谱系图"，（连续三代）每个个体都通过一对相关染色体来表示。值得注意的是，如果突变体的两条染

---

1 定域：统计物理学名词，指某个特定区域。它与非定域相对，后者指空间任何区域。

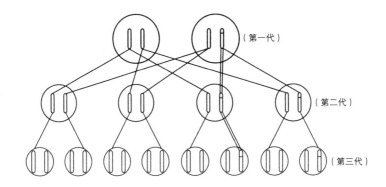

图11 突变的遗传

　　图中相连的直线表示染色体的传递，不相交的两条直线表示突变染色体的传递。第三代未作说明的染色体来自于图中未显示的第二代的配偶。第二代与配偶之间没有血缘关系，也没有发生突变。

色体都受到影响，那么其所有后代都将获得相同的（混合）遗传，而非由父母亲任意一方进行单方遗传。

然而，要在这个领域进行试验并不像刚才说的那么简单。正是由于第二个重要的事实，即突变通常是潜伏的、复杂的。这意味着什么呢？

在突变体中，"密码本"的两套副本不再相同，它们在同一个地方呈现出至少两个不同的"版本"。同时应该指出的是，人们习惯于将原始版本视为"正统"，将突变体版本视为"异端"，这是完全错误的。原则上，我们必须平等地看待它们——因为正常的性状也是由突变产生的。实际上，在通常情况下，个体"模式"不是遵循这个版本就是遵循那个版本，而所遵循的版本就被称为显性版本，另一个则被称为隐性版本。也就是说，根据突变是否立即有效地改变了性状而将其称为显性突变或隐性突变。

虽然隐性突变在最开始的时候并没有表现出来，但其产生的概率甚至比显性突变的概率还要大，而且至关重要。隐性突变必须同时发生在两条染色体上（见图12），才能有效地改变性状。当两个等同的隐性突变体碰巧相互杂交或一个突变体自交时，便会产生这样的个体。这在雌雄同株的植物中是可

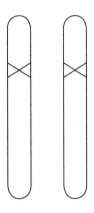

图12　纯合突变

　　纯合突变是父本和母本等位基因发生相同的突变。纯合突变体由杂合突变体（见图10）的自交形成或从两个杂合突变体的四分之一的杂交后代中获得。

能发生的，甚至是自发产生的。稍作分析即可知道，在这种情况下，突变体后代中大约有四分之一属于这种类型，并明显地表现出突变性状。

4　一些术语的介绍

我认为，在这里介绍几个专业术语会使问题更加明晰。对于我所说的"密码本的版本"——无论是原始版本还是突变版本——已采用"等位基因"这一术语。如图10所示，当两个密码本版本不同时，就这个基因座而言，该个体就被称为杂合体；当两个密码本版本相同时，如个体为非突变个体或在图12的情况下，该个体则为纯合体。因此，隐性等位基因仅在纯合的时候才会改变表现模式；而显性等位基因无论是纯合还是杂合的时候，都将产生相同的表现模式。

有色相对于无色（或白色）而言通常是显性性状。例如，豌豆只有在两条染色体都具有"白色的隐性等位基因"，即"白色纯合"时才会开白色花朵，并且将这个性状真实遗传，其所有后代都将开白色花朵。但出现红色等位基因（其中一个是"白色"隐性基因，即杂合体）时将开红色花朵，若为两个红色等位基因（即纯合体）时也是如此。后两种情况的区别仅在后代中显现出来，此时杂合体红花会出现一些开白花的后代，而纯合体红花的性状会真实遗传。

两个个体在性状表现上可能完全相同，但在遗传上却有所不同，这是一个极为重要的事实，我们有必要对此进行准确的区分。遗传学家称它们有着相同的表型却有着不同的基因型。[1]

因此，可以用一句简短的专业术语来概括上述内容：隐性等位基因仅在其基因型纯合时影响表型。

我们偶尔会使用这类专业术语，在必要时会向读者重述其含义。

---

[1] 表型和基因型是两个遗传学名词，由丹麦遗传学家约翰森（W. L. Johannsen）提出。表型又称表现型，指由基因型与其发育的环境相互作用而产生的生物体个体上可观察到的性状；基因型又称遗传型，指一个生物体全部基因组合的总称，或特指同一基因座或几个基因座上的等位基因的组合。

5 近亲繁殖的危害

如果隐性突变是杂合的，自然选择将对它们不起作用。即使它们像一般突变那样是有害的，它们也不会被消除，因为它们是潜在的。这就可能导致相当多的有害突变累积，这种突变不会立即造成危害。然而，它们必然会将其遗传给一半的后代——这对于人、家畜、家禽或任何其他生物体同样适用。在图11中，假定一位男性个体（为了直观起见，以我自己为例）是在杂合状态下携带这种有害的隐性突变基因，那么这种有害性状不会立即显现出来。同时假定我的妻子没有携带这种隐性突变基因，那么在我们的孩子中，将会有二分之一的概率遗传到这种突变，而且也是杂合的。如果这些遗传了突变基因的孩子再与其无非突变基因的伴侣结合（图中省略了伴侣，以免产生混淆），那么在我们的孙辈中，平均有四分之一将会携带这种突变基因。

除非与同样携带隐性突变基因的个体杂交，否则危害就不会显现出来。只要稍作分析就会发现，当他们的子女中有隐性突变基因纯合体时（概率为四分之一），危害就会显现出来。除了自我受精（只在雌雄同株的植物中才会发生），危害最大的就是我的子女之间相互结合。他们中的每一个受到这种潜在影响的概率与不受影响的概率相等。这种近亲结合有四分之一的概率是危险的，因为其后代有四分之一会表现出这种有害性状。因此，如果继续这种近亲繁殖所生后代的危险概率是十六分之一。

同样地，如果我的两个（直系）孙子女（他们是堂兄妹）相结合，其后代的危险系数为六十四分之一。这看起来似乎不可思议，但实际上这种近亲结合的情况往往被世俗所接受。但是不要忘了，我们只分析了祖辈夫妇（我和我的妻子）中的一方可能携带一种潜在危害基因的后果。事实上，双方都有可能隐藏着不止一种潜在缺陷基因。如果你确定自己有某种缺陷，那么可能在你的八位堂兄弟姊妹中也有一个人带有同样的缺陷。植物和动物试验表明，除了相对罕见的严重缺陷外，似乎还有许多小缺陷，这种种缺陷的概率叠加，使近亲繁殖后代的健康水平整体恶化。既然我们不想再用斯巴达人过去在泰格托斯山所采取的残酷手段来消除这种失败，就必须极其严肃地对待人类今日所面临的境况：优胜劣汰的自然选择在很大程度上并没有被削减了，反而被增加了。如果说，在更原始的年代里，战争可能还有一个积极的价值，就是让最适应的部落生存下来；那么在现代，大规模屠宰各国健康青年的反选择效应，几乎是毫无价值可言的。

6 一般性与历史性的陈述

令人惊讶的是，当隐性等位基因杂合时，会被显性等位基因完全掩盖，根本不会产生任何可见的隐性性状。不过也有例外，比如当纯合的白色金鱼草与纯合的深红色金鱼草杂交时，其所有直系后代所显示出来的颜色都是中间色——粉红色，而不是预期的深红色。除了颜色，血型也是两个等位基因同时表现出其各自影响的更重要的例子[1]，但我们无法在这里进行讨论。如果最终证明隐性有等级分化，其依据是检测"表型"试验的灵敏程度，我也不会感到惊讶。

这里有必要讲一讲遗传学的早期历史。遗传学的基本理论是关于亲代的不同性状在连续世代中的遗传规律，尤其是显

---

[1] 人类血型由复等位基因决定。

性与隐性的重要差异。该理论由驰名当世的奥古斯汀修道院院长格雷戈尔·孟德尔（Gregor Mendal，1822—1884年）提出。孟德尔对突变和染色体一无所知，但他在位于布隆（布尔诺[1]）的修道院花园中，进行了豌豆试验。他培育不同品种的豌豆，并将其杂交，观察它们的第一、二、三……代后代。可以说，他是利用自然界中现成的突变体进行试验。早在1866年，孟德尔就在"布隆自然科学家协会"会议上发表了他的研究结果。然而，似乎没有人对这位修道院院长的爱好产生兴趣，当然，更没有人料到他的发现会在20世纪成为一个全新科学分支的指导性理论——这无疑是当今最有趣的发现。孟德尔的相关论文也被世人遗忘，直到1900年才分别被科伦斯（K. Correns，柏林）、德弗里斯（阿姆斯特丹）和齐泽夸克（E. Tschermak，维也纳）在同一时间重新发现。[2]

1 位于今捷克。

2 1900年春，德国植物学家科伦斯、荷兰植物学家和遗传学家德弗里斯以及奥地利植物学家齐泽夸克不约而同地发现了孟德尔在35年前发表的豌豆试验论文——《植物杂交试验》，并从中发现了孟德尔定律的价值，他们三人因此被称为"孟德尔定律的重新发现者"，1900年也因此成为遗传学历史上划时代的一年。

7 罕见突变的必要性

至此，我们的关注点偏向于有害突变，这类突变可能更多；但必须明确指出，也存在有利突变。如果自发突变是物种发展中的一小步，我们就会得到这样的结果：一些变化可能只是一种偶然的"尝试"——冒着因为有害而被自动清除的危险。这就引出了一个至关重要的观点：为了成为自然选择发挥作用的合适基础，突变必须是罕见事件，事实上也是如此。如果它们频繁发生，个体就很有可能发生多种（比如十几种）不同的突变，而且通常来说，有害的突变将占据优势，该物种本身不但不能通过选择得到进化，反而停滞不前，甚至灭绝。基因的高度稳定性使其自身具有相对保守性，这一点非常重要。这就好比工厂里的大型生产活动，为了开创更高效的生产方式，勇于尝试一些未经检验的创新。但是，为了确定创新是增加了还是减少了产出，所以一次只能采用一种创新方法，同时还要使该生产机制的其他部分保持不变。

8　由X射线诱发的突变

现在，让我们一一回顾最具独创性的遗传学研究工作，因为这些工作将验证我们此前分析的那些重要性状。

通过X射线或γ射线[1]照射亲代，可以使子代中的突变百分比，即所谓的突变率，从较低的自然突变率增至数倍。以这种方式产生的突变与自发产生的突变没有任何区别（除了数量更多），并给人一种印象，每一种"自然"突变都可以由X射线诱发。在试验室培育的大量果蝇中，许多特殊的突变一而再，再而三地自发发生；正如我们在"减数分裂和受精"节中所讲到的那样，这些突变基因位于染色体上，并被赋予专门的名称。人们甚至发现了所谓的"复等位基因"[2]，也就是

---

1 X射线和γ射线都属于电磁波，但是二者产生的原理不同。X射线是由高速电子撞击物质的原子所产生的电磁波；γ射线是原子核蜕变时释放出的电磁波。二者的光子能量不同，γ射线的光子能量比X射线高，所以它的频率高，波长短，比X射线的穿透能力强。

2 在一个种群中，同源染色体的某个相同基因座上存在两个以上控制某一性状的不同形式的等位基因，就称为复等位基因。

说，除了正常的、非突变的"版本"（或"读本"）之外，在染色体密码本中还有两个或多个不同的"版本"；这意味着该特定"基因座"中不仅有两个，而且有三个或三个以上可供选择的"版本"，当它们同时出现在两条同源染色体的相应基因座上时，任意两个"版本"之间便存在显隐性关系。

我们从X射线诱发突变的试验中总结出：个体的每一个特定"转变"，例如从正常个体到特定突变体，或者从特定突变体到正常个体，都有其自己的"X射线系数"，该系数表明在子代出生之前，用单位剂量的X射线照射亲代使之产生突变的子代的百分比。

9 第一定律：突变的发生是单一性事件

此外，控制射线诱变率的定律是极其简单却又极具启发性的。下面是1934年季莫菲耶夫（N.W.Timofeef）在《生物学评论》第九卷所作的报告，这篇报告在很大程度上相当于作者的一部优秀作品。

第一定律的内容是：射线诱变率的增长与射线剂量成正

比，因此人们可以（像我一样）将其说成是增长系数。

这种简单的比例关系不足为奇，所以我们往往忽略了这一简单定律的深远影响。为了便于理解，我们不如打个比方：某种商品的总价并不总是与其数量成正比。在平时，店主可能会因为你从他那里买了六个橘子而对你印象深刻，所以当你决定再买十二个橙子的时候，他可能会以不到六个橙子两倍的价钱卖给你。而当货源不足的时候，情况可能相反。经过分析，我们得出的结论是：虽然前半剂量的辐射会造成比如千分之一的后代发生突变，但它对其余后代完全没有影响——不会诱发它们突变，也不会使它们完全避免突变；而后半剂量却不会造成同样千分之一的后代发生突变。因此，突变不是由连续少量增强的辐射所带来的累积效应，而是发生在照射过程中位于一条染色体上的单一性事件。这具体是什么样的事件呢？

10　第二定律：突变的发生具有局域性

第二定律完全可以回答上述问题，即如果在一个广泛的范围内改变射线的性质（波长），那么从"软"X射线到"硬"γ射线，只要给予与以伦琴单位度量的相同的辐射剂量，其增长系数就会保持不变。也就是说，可以在亲代受到辐射期间，在其暴露于辐射的地方中选择一种适当的标准物质，通过这种物质单位体积内产生的离子总量来度量剂量。

我们选择空气作为标准物质，不仅是为了方便，还是因为有机组织是由与空气相同的元素所组成的。只需将空气中的电离数乘以密度之比，就能获得有机组织中的电离量或相关过程（激发）数量的下限[1]。因此，很明显，造成突变的单一性事件仅仅是在生殖细胞某些"临界"体积内发生的电离作用（或类似过程），而且这已经被一项更为关键的研究所证实。该临界体积有多大呢？我们可以根据观察到的突变率进行估算：如果50000离子/cm^3的剂量，使任何特定配子（位于辐照区域内）以特定方式发生突变的概率仅为1/1000，那么我们可以得出结论：临界体积，即发生突变所必须通过电离"击中"的"靶"的体积，仅为1/50000cm^3×1/1000，也

---

[1] 这里之所以说是下限，是因为这些相关过程无法用电离测量，但可能会对产生突变起作用。

就是1/50000000cm³。这个数字并不是确切的数字，只是为了说明问题。在实际应用中，我们一般遵循德尔布吕克（M. Delbrück）的估算方法，该方法是在他与季莫菲耶夫、齐默尔（K. G. Zimmer）共同署名的一篇论文[1]中提出来的，以下两章中将要阐述的理论也主要源自这篇论文。德尔布吕克估算出的临界体积大约为一个10个平均原子距离的立方体，因此只包含大约10³，即1000个原子。这就意味着，当距离染色体上某一特定点约"10个平均原子"的范围之内发生了电离（或激发），就很有可能发生突变。我们现在将对此进行更详细的讨论。

在上述所提到的季莫菲耶夫的报告中，隐含了一项具有实际意义的提示，尽管它与我们目前的研究主题无关，但我不能不在此提醒诸位：在现代生活中，人们有更多机会不可避免地接受X射线的照射。众所周知，X射线会给人们造成许多直接的危害，比如烧伤、致癌、不育等，为此，人们用铅屏、铅围裙等作为防护，尤其是那些必须定期接触射线的护士和医生

---

1 论文题目为《关于基因突变和基因结构的性质》，刊载于德国哥廷根科学协会《通讯》上（1935年）。

在这一方面须更加谨慎。然而，即便这些直接的危害可以得到有效防护，但那些间接危害却仍然存在——在生殖细胞中产生的微小有害突变，也就是我们在讨论近亲繁殖的危害时所推断的那种突变。简言之，如果双方的祖母长期担任协助拍X光的护士，那么表亲之间结合的危害性很可能会增加。当然，任何个体都不需要担心这一点，但是，任何一种使人类逐渐发生有害的潜在突变的可能性，都应该引起全社会的关注。

第 4 章 | **量子力学
的证据**

你那如火般奔放热烈的想象力，静默为
一个映像，一个比喻。

——歌德

1 经典物理学家无法解释遗传物质的持久性

经过生物学家和物理学家的共同努力，他们利用极其精妙的X射线仪器（物理学家应该了解，这种仪器早在30年前就揭示了晶体的详细原子晶格结构）成功降低了"基因"——负责个体某一宏观性状的微观结构——体积的上限，而且这个上限远低于达林顿所获得的估算值。现在，我们必须认真地思考一个问题，即如何从统计物理学的角度来解释这样一个事实：基因结构似乎只包含了少量的原子（1000量级或更少），但它不仅进行着最规律有序的活动，而且这种活动具有近乎奇迹的耐久性。

让我用事例来说明这一惊人的现象吧。一些哈布斯堡王朝家族成员的下唇有一种特殊的缺陷（被称为"哈布斯堡唇"）。为此，王室资助维也纳皇家学院对这种遗传缺陷进行专门的研究，而这些学者将研究成果予以发表，同时在文章中附上王室成员的历史肖像画。这种特征被证明是由正常嘴唇的一个真正的孟德尔式"等位基因"所控制。如果将注意力集中在这个家族从16世纪到19世纪后代的肖像上，我们可以断定，造成这种异常性状的基因是通过几个世纪一代又一代遗传下来的，并在为数不多的每一次细胞分裂中被准确无误地复制下来。此外，该基因结构的原子数量可能与用X射线检测到的原子数量是同一个数量级。在这漫长的几个世纪里，基因一直保持在36.67℃，却能一直不受热运动无序性的干扰，对此我们应该如何解释呢？

如果上个世纪末的物理学家打算用他仅能够解释并真正理解的自然定律来解释这个问题，那么他将对此无能为力。事实上，如果他能对统计学的情况稍作思考，就可以给出正确答案（正如我们所看到的那样）：这些物质结构只可能是分子。对于这些原子集合体的存在，以及它们有时所具有的高度稳定性，这些结论在当时的化学界已经获得了广泛认知，只不过这种认知是基于纯粹的经验之上的。分子的性质尚未为人所知——使分子保持其形状的原子间强化学键[1]对每个人来说都是难解之谜。实际上，以上答案已被证明是正确的，但是，如果我们对生物稳定性的探索仅仅止步于同样无解的化学稳

---

1 化学键：离子或原子之间结合的作用力，或者说，相邻的原子或原子团之间强烈的相互作用叫作化学键。

定性，那么其研究价值就是有限的。如果两个外观相似的性状基于同样的原理存在，那么只要原理本身是未知的，为何相似的证据就始终不可靠。

2 可用量子理论解释遗传物质的持久性

在这种情况下，量子理论提供了相应的证据。根据我们目前所掌握的知识来看，遗传机制与量子理论的基础密切相关，或者可以说遗传机制是建立在量子理论的基础之上的。量子理论是由马克斯·普朗克于1900年发现的。现代遗传学则可以追溯到1900年，德弗里斯、科伦斯和齐泽夸克重新发现了孟德尔的论文，而且德弗里斯在1901年至1903年期间发表了关于突变的论文。因此，这两个伟大的理论几乎是同时诞生的，所以它们必须达到一定的成熟度才会发生联系。在量子理论方面，直到1926年至1927年，也就是跨越了四分之一个世纪，才由海特勒（W.Heitler）和伦敦（F.London）阐述了化学键量子力学理论的一般原理。海特勒—伦敦理论涵盖了量子理论（称为"量子力学"或"波动力学"）在最新进展中最复杂精深的概念。如果不应用微积分，根本无法阐述这一理论，除非将它另外单独成册。所幸目前所有的工作都已经完成，这有助于我们理清思路，可以用更直接的方式阐明"量子跃迁"与突变之间的联系，同时突出强调其中的关键部分。这正是我们在本书中所努力尝试的。

3 量子理论—不连续状态—量子跃迁

量子理论最伟大的启示，莫过于在"自然之书"中发现了不连续性的特征，然而按照当时的观点，自然界中一切非连续性的东西似乎都是荒谬的。

第一个类似的例子是关于能量的。一个物体在大范围内不断地改变自身的能量。例如，钟摆的摆动会因受到空气的阻力而逐渐减缓。奇怪的是，事实证明，我们必须承认原子尺度系统的行为是完全不同的。基于某些原因，我们无法在此进行详述，所以必须假设一个微观系统，这个微观系统在本质上只能拥有某些不连续的能量，称其为特定的能级。原子从一种能量状态转化为另一种能量状态是极其神秘的，这一过程通常被称为"量子跃迁"。

但能量并不是系统的唯一特征。再次以可摆动的物体为例，将它想象成一个可以进行不同运动的、用细绳悬挂在天花板上的重量球。这个重量球可以沿东南西北任意方向摆动，或呈圆形、椭圆形摆动。用风箱轻轻吹重量球，便可以使它连续地从一种运动状态转化为其他运动状态。

对于微观系统，大部分特征——我们无法进行详述——是不连续变化的。与能量一样，它们也是"量子化"的。

当大量的原子核（包括周围的电子）彼此靠近，形成一个"系统"时，就其本质而言，不是我们可能所设想的任意构型。它们的本质使其只能在一组数量众多但不连续的能量状态中进行选择[1]，我们通常称之为级或能级，因为能量是其特征中非常重要的部分。但必须要明白一点，我们只有将内容范围延伸到能量之外，才能对能量状态进行全面的阐述。事实上，我们几乎可以将能量状态看作是所有微粒的一种稳定构型。

---

1 我采取的是一种通用说法，因为它能将此处的问题阐释清楚。但是令我愧疚的是，我为了图方便所以常犯错误。实际上，它的情况更加复杂，因为它涉及系统所处状态的偶然不确定性。

由一种构型变化为另一种构型就是"量子跃迁"。如果后者具有更强的能量（即更高能级），则系统必须借助外部至少为这两个能级之差的能量，才有可能发生这种变化。原子也会自发地向低能级跃迁，通过自发辐射消耗多余的能量。

4 分子

在原子可供选择的一组不连续状态中，有一个未必需要，但有可能存在的最低能级，这意味着原子核彼此靠近。在这种状态下，原子组成分子。这里需要强调的是，分子必然具有一定的稳定性；除非从外部吸收至少能将其"提升"到下一个更高能级所必需的能级差能量，否则构型不会被改变。因此，能级差是一个完全被限定的量，它定量地确定了分子的稳定程度。在后面的讨论中我们将看到，这一事实与量子理论的基础，即能级图的不连续性密切相关。

我必须告知读者，以上概念已经通过了化学检验；并已证明它能够成功地解释化合价的基本事实以及分子结构、分子结合能、分子在不同温度下的稳定性等细节，这就是海特勒—伦敦理论。正如我所说，在此无法对其进行详细研究。

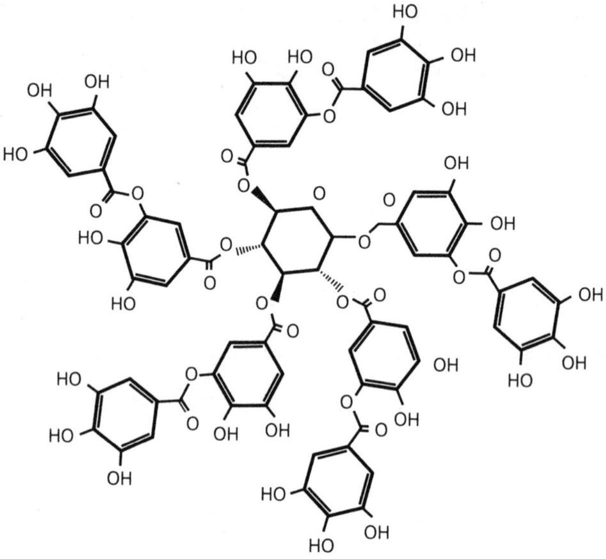

图13　分子结构

　　分子的键合顺序和空间排列关系称为分子结构。由于分子内原子间的相互作用，分子的物理和化学性质不仅取决于原子的种类和数量，更取决于分子的结构。

5　分子的稳定性取决于温度

接下来，我们只需研究对生物学问题至关重要的方面即可，即分子在不同温度下的稳定性。假定原子系统最初处于最低能量状态，也就是物理学家所称的绝对零度下的分子状态。为了将其提升到下一个更高的状态或能级，就必须提供一定的能量。为此，最简单的方法就是"加热"分子：将分子置于高温环境（"热浴"）中，促使其他系统（原子、分子）撞击它。由于整个热运动是无规则的，所以并不存在可以极速"提升"实现能级跃进的明确极限温度。相反，在任何温度（不同于绝对零度）下，都有或大或小的概率实现"提升"，当然，这种概率也会随着"热浴"温度的升高而增加。那么，如何才能准确计算出这种概率呢？我们可以将它表述为等待"提升"能级所需要的平均时间，也就是"期待时间"。

根据波拉尼（M.Polanyi）和维格纳（E.Wigner）的研究[1]，"期待时间"在很大程度上取决于两种能量的比率，一种是实

1《物理学杂志》，化学（A），合订本（1928年），第439页。

现"提升"所需要的能量差本身（我们用W表示），一种是在绝对温度下所需进行热运动强度的特有能量（我们用T表示绝对温度，用kT表示特有能量）。[1] 按照常理，实现"提升"的概率越小，期待时间就越长，"提升"所需的能量差与平均热能相比就更高，也就是说，W与kT的比率就越大。然而令人惊讶的是，"期待时间"在很大程度上取决于W与kT比率的极微小变化。举个（德尔布吕克的）例子，当W是kT的30倍时，"期待时间"可能短到1/10秒；但是当W为kT的50倍时，"期待时间"延长至16个月；而当W为kT的60倍时，"期待时间"则变成了30000年！

6 穿插数学

对于一些数学爱好者来说，我们不妨用数学语言来说明为什么分子对能级变化或温度变化具有如此高的敏感度，同时添加一些类似的物理解释。这是因为，"期待时间"t取决于

---

1 k是一个已知的常数，称为玻尔兹曼常数；3/2 kT是一个气体原子在绝对温度T下的平均动能。

W与kT的比率，其指数函数关系表示为：

$$t = \tau e^{\frac{W}{kT}}$$

τ 是相当于10^{-13}或10^{-14}秒量级的极小常数。因此，这个特定的指数函数并非是一个偶然性特征。它反复出现在热统计理论中，俨然构成其核心。它被用来量度意外聚集在系统中某些特定部分的能量等于W的不可能性。当所需W总量数倍于kT时，这种不可能性就会大幅度增加。

实际上，类似$W=30kT$的情况（见上面所引用的例子）是极其罕见的。当然，由于T极小，所以它并未导致很长的"期待时间"（示例中只有1/10秒）。这是一个具有物理意义的因子，它代表系统振动周期的数量级。我们也可以概述为：该因子反映了能量积累至所需W总量的机会，虽然极小，但它反复出现于"每一次振动"中，且频率约为每秒10^{13}次或10^{14}次。

7 分子理论的第一项修正

将这些假定作为分子稳定性理论时，就相当于默认了我们称之为"提升"的量子跃迁的结果，如果分子没有完全分解，至少会导致相同原子形成本质上的不同构型——化学家所说的异构分子，即由相同原子以不同排列方式组成的分子（在生物学应用中，它将代表相同"基因座"上不同的"等位基因"，量子跃迁将代表突变）。

为使这种解释更加合理，我们必须对之前的论述作两项修正。我特意将其简化，以便它能够被一目了然。如果按照我的说法，原子团只有在处于最低能级时，才会形成我们所说的分子，至于提升至下一个更高能级，则应该考虑为"某种其他东西"的参与。事实并非如此，实际上，最低能级之后是一系列密集的能级，这些能级使分子的整体构型不会发生任何明显的变化，但是会发生我们前面提到的原子之间的那些微小振动。它们也是"量子化的"，只不过从一个能级跃迁到下一个能级的幅度相对较小。因此，只需一个相当低的温度，就可以使微粒在"热浴"中发生因撞击而造成的振动。如果分子具有延伸结构，则可以将这些振动视为高频声波，它们穿过分子而不会对其造成任何损害。

总之，第一项修正并不大：我们必须忽略能级图的"振动精细结构"。"下一个更高能级"也必须被理解为分子跃迁至下一个能级必定有相对应的构型。

8 分子理论的第二项修正

第二项修正解释起来更难，因为它涉及不同能级图的某些重要而复杂的特点。这些能级之间的自由通道可能被阻塞，更无需说提供所需的能量了；事实上，哪怕是从较高能级到较低能级的自由通道也可能被阻塞。

接下来我将从经验事实开始论述。化学家们都知道，同一组原子可以以多种方式结合形成一个分子，这类分子被称为同分异构体（希腊语 ισομέρηs 意为"由相同成分组成"；ισοs 意为"相同"，μεροs 意为"成分"）。异构不是偶然现象，而是规律性现象。分子越大，提供的异构体越多。图14显示了一种最简单的情况，两种丙醇分子均由3个碳（C）、8个氢（H）和1个氧（O）组成[1]，氧可以插入任何氢与碳之间，但只有图中的两种情况才会形成不同的物质。事实也的确如此，所有的物理和化学常数明显不同，而且它们包含的能量也

---

[1] 在演讲时，我用黑色、白色和红色木球分别代表碳原子、氢原子和氧原子的模型。这里我没有贴出这些图片，因为它们与实际分子的相似程度并没有图14的大。

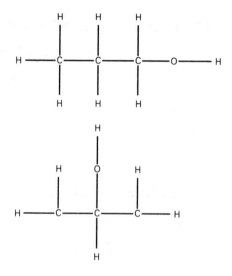

图14　丙醇的两种同分异构体

　　在化学中，同分异构体是指分子具有相同的分子式，即每种元素的原子数目相同，但原子的空间排列不同。同分异构体不一定具有相似的化学或物理性质。异构的两种主要形式是结构异构和立体异构。

不同，代表"不同的能级"。

值得注意的是，这两种分子都非常稳定，就像处于"最低能级"那样，不会从一种状态自发跃迁到另一种状态。

这是因为，这两种构型并非相邻，一种构型到另一种构型的转变只能在中间构型上完成，中间构型的能量比它们中的任何一种都大。简单地说，氧原子必须从一个位置上抽出，再插到另一个位置上，如果不能形成能量更高的构型，似乎就没有办法实现这一点。如图15所示，其中（1）和（2）代表两种同分异构体，（3）是它们之间的"阈能"[1]，两个箭头表示"提升"，即分别从状态1转变为状态2或从状态2转变为状态1所需要的能量。

现在可以提出第二项修正：这种"同分异构体"的转变才是生物学应用中唯一一让人感兴趣的，这也是我们在前面几节中解释"稳定性"时所要考虑到的。我们所说的"量子跃迁"，是指从一种相对稳定的分子构型转变为另一种相对稳定的分子构型。转变所需的能量（用W表示）不是实际的能级差，而是从

---

[1] 阈能：指反应临界能，即在简单碰撞理论中，分子碰撞时能发生指定态—态反应所需能量的最小值。

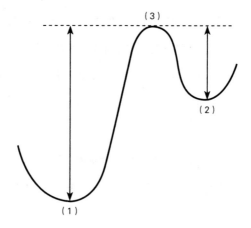

图15　阈能曲线图

　　在粒子物理学中，产生粒子的阈能是一对运动粒子碰撞时必须具有的最小动能。图为同分异构体能级（1）和（2）之间的阈能（3），箭头表示转变所需的最小能量。

初始能级升至阈能的能量差（见图15中的箭头）。

在初始状态与最终状态之间没有达到阈能的转变是毫无意义的，这不仅在生物学应用中是这样，实际上，这种转变对分子的化学稳定性也毫无作用。为何会如此呢？因为它没有持久的效应，所以不会引起人们的注意。如果没有达到阈能，在转变发生的同时分子几乎就会立即回到初始状态，因为这个过程的发生毫无阻力。

第 5 章 | **对德尔布吕克模型的讨论和检验**

如同光明既显示其自身也显示黑暗一样，真理既是自身的标准也是谬误的标准。

——斯宾诺莎《伦理学》

1 关于遗传物质的设想

这些由大量原子组成的遗传物质结构，能否长期经受不断暴露于其中的热运动的干扰呢？从上述的事实中，我们得到了一个简单的答案。我们假定基因结构是一个巨大的分子结构，这种结构只能进行不连续的变化，由原子的重新排列形成同分异构[1]分子。这种重新排列可能只对基因的一小部分区域产生影响，而且可能存在大量不同的重新排列。将实际构型与任何可能的异构构型分开所需的阈能必须足够高（与原子的平均热能相比），才能使转变成为罕见事件。我们认为，这种罕见事件就是自发突变。

本章的后面部分，会与遗传学事实进行详细比较来检验基因突变的设想（主要来自于德国物理学家德尔布吕克）。在此之前，我们可以对这一理论的基础和一般性质进行适当的说明。

---

[1] 为了方便起见，我将继续称之为同分异构转变，尽管排除它与环境发生相互作用的可能性是荒谬的。

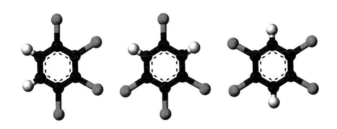

图16　四氯苯的同分异构体

同分异构体是指分子式相同，但原子的空间排列方式不同的分子。这排除了由于分子整体旋转或绕特定键旋转而产生的任何不同排列方式。

2　本设想具有独特性

在生物学问题上追根溯源，并将设想建立在量子力学的理论基础上，是否有必要呢？我敢说，关于基因是分子的猜测在今天已十分普遍，很少有生物学家——无论他是否熟悉量子理论——会不同意这一观点。在第4章第1节中，我们大胆地借量子物理学家之口将它说了出来，这是观察到的持久性的唯一合理解释。随后我们对同分异构现象、阈能、W 与 kT 的比率在确定同分异构转变概率中的重要作用进行考虑，这一切都可以基于纯粹经验而无需量子理论就能得到很好的阐释。那么，为什么我还要如此强烈地坚持量子力学观点，哪怕我在这本小册子中并不能真正地把它讲清楚，而且很可能使许多读者对此感到厌烦？

量子力学是第一个根据基本原理解释自然界中实际存在的各种原子集合体的理论。海特勒—伦敦键作为该理论的一个独特特征，却不是为了解释化学键而发明的。它以一种有趣的、令人费解的方式出现，并用完全不同的理由迫使我们接受它。它被证明与所观察到的化学事实完全一致，并且如我所说，它是一个独特的特征，一旦人们对这个理论有了深刻的理解，就会非常肯定地认为，在量子理论的进一步发展中，这样的事情不可能再次发生。

因此，我们完全可以断言，遗传物质除了用分子来解释外，再也没有更合理的解释了。物理方面也没有其他可能性来解释其持久性。如果德尔布吕克的设想不成立，我们将不得不放弃进一步的尝试，这是我要阐明的第一点。

3　一些传统认识的误区

有人可能会问，除了分子以外，难道真的没有其他由原子组成的持久不变的结构吗？比如一枚在坟墓里埋葬了几千年的金币，印刻其上的肖像能一直保留吗？当然，金币的确是由大量原子组成，但是可以肯定的是，在这种情况下，我们并不倾向于仅将形状的保留归因于大量数据统计。同样的观点也适用于那些嵌入岩石中的体形规整、发育完好的晶体，它们在一定的地质时期内可以保持不变。

这就引出了我要阐述的第二点：分子、固体、晶体的情况其实并没有什么不同。就目前的知识来看，它们实际上是一样的。遗憾的是，学校的教学仍然固守着某些早已过时的传统观点，从而模糊了对事物实际状况的认知。

事实上，我们在学校所接受的关于分子的知识，并没有体现出它更接近于固态而不是液态或气态的信息。相反，我们学到的是，要仔细区分物理变化和化学变化。例如，在融化或蒸发等物理变化过程中，分子总是保持不变（以酒精为例，无论它是固体、液体还是气体，均是由相同的C_2H_6O分子构成）；在酒精燃烧的化学变化过程中，

$$C_2H_6O+3O_2=2CO_2+3H_2O$$

1个酒精分子和3个氧气分子发生重新排列，形成2个二氧化碳分子和3个水分子。

关于晶体，教科书告诉我们，它们在内部形成了三维周期性晶格，其中的单分子结构有时是可以分辨的，比如酒精和大多数有机化合物；而在其他晶体如岩盐（NaCl，即氯化钠）中，分子不能被明确界定，因为每个钠原子都被6个氯原子对称地包围，反之亦然，因此将哪一对（如果有的话）钠—氯原子看作氯化钠分子，在很大程度上是随意而定的。[1]

最后我们知道，固体可以是晶体，也可以是非晶体，我们将非晶体固体称为无定形固体。

1 作者在此段的说法并不准确，酒精并无晶体结构。

4 物质的不同"状态"

至此，我不会否定这些说法和区别。在实际应用中，它们有时也是有用的。但就物质结构的真实形态而言，我们必须采用完全不同的方式来界定。基本区别在于下面两行"等式"：

分子=固体=晶体

气体=液体=无定形固体

对此，我们有必要简单地说明一下。所谓的无定形固体，不一定就是真正的无定形，也不一定就是真正的固体。在"无定形"的碳纤维中，人们通过X射线发现了石墨晶体的基本结构。所以，碳是固体也是晶体。对于没有发现晶体结构的物质，我们必须将它视为具有极高"黏度"（内摩擦）的液体。如果没有明确的熔化温度和熔化潜热，说明这种物质不是真正的固体，它在加热后会逐渐软化，最终不间断地液化。（我记得在第一次世界大战结束时，在维也纳我们用一种沥青状的物质来代替咖啡。它是如此的坚硬，以至于当它露出光滑的、贝壳状的裂缝时，人们不得不用凿子或斧头将这个像小砖头一样的东西砸成碎片。如果有人不明就里地将它搁置在容器里，那么假以时日，它就会像液体一样紧紧地附着在容器的底部。）

气态和液态具有连续性，这是众所周知的事实。我们可以"围绕"所谓的临界点，让气体不间断地液化。这部分内容我们不在这里进行讨论。

5　真正重要的区别

因此，我们证明了上述一系列内容的合理性，除了我们希望将分子视为固体或晶体的这一点以外。

其原因是因为组成分子的原子，无论数量多少，都是通过与组成真正固体（晶体）的众多原子性质完全相同的力结合在一起的，所以这种分子呈现出与晶体结构相同的稳定性。请记住，正是基于这种稳定性，我们才能解释基因的持久性！

物质结构最重要的区别在于，原子是否是被那些"起稳固作用"的海特勒—伦敦力结合在一起的。在固体和分子中，原子是以这种方式相结合的，而单原子气体（例如汞蒸气）却不是。在由分子组成的气体中，只有每个分子中的原子才是如此。

6 非周期性固体

一个小分子又被称为"固体的胚芽"。从这个极其微小的"胚芽"开始，似乎可以通过两种不同的方式组成越来越大的集合体。一种方式是在三个不同的方向上不断重复相同的结构，生长中的水晶所遵循的就是这种比较单调的方式。周期性一旦被建立，集合体就不再有规模上的限制。另一种方法是建立一个越来越大的集合体，而不是依靠单调地重复。越来越复杂的有机分子就属于这种情况。在这种分子中，每个原子和原子团都发挥着独立的作用，这与许多其他原子（如周期性结构中的）的作用不尽相同。确切地说，我们应该称之为非周期性晶体或固体。因此，我们可以这样假设：基因——或是整个染色质纤维[1]——是非周期性固体。

---

[1] 毫无疑问，染色质纤维具有高度的柔韧性，如细铜线一般。

7　在微型密码本中压缩的各种内容

人们总是很好奇，像受精卵核这样小小的物质微粒，是如何包含一个关于有机体所有未来发育的精细密码本的呢？对此，我们唯一可以设想的是，它的物质结构似乎就是一种具有足够的抵抗力来永久保持原子秩序井然的有序集合体，它可以组合成各种可能的（"同分异构"）排列，其大小也足以体现一个较小空间范围内的复杂的"决定"系统。事实上，在这种结构中，不需要大量的原子便可组合成几乎无限可能的排列。我们以摩尔斯电码[1]为例进行说明。该电码采用的是点信号（"·"）和长信号（"－"）两种不同的符号，如果每个组合的符号数目不超过4个，则可以产生30个不同的电码组。除了点和划以外，还可以使用第三种符号，虽然要求每个组合的符号数目不超过10个，但依然可以产生88572个不同的电码组；如果一共可以使用5种符号，那么每个组合的符号数目最多为

<hr>

1 摩尔斯电码是一种早期的数字化通信形式，它通过不同信号代码的排列顺序来表示不同的英文字母、数字和标点符号。

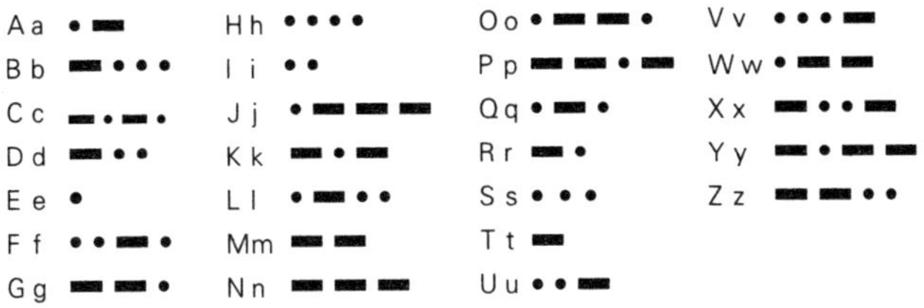

图17 摩尔斯电码

摩尔斯电码是世界上最重要的通信创新之一，也是世界第一个高速通信网络的基础之一。在电话发明之前，摩尔斯电码被广泛应用于各种场合，从信号通信到灯光闪烁。最重要的是，电报的使用能够帮助人们跨远距离传输信息，所以它的重要性是不言而喻的。

25个，可以产生372529029846191405个不同的电码组。

有人认为，在此处以摩尔斯电码为例并不妥当，因为它可以有各种不同的组合（比如"·－"和"··－"），因此认为它并非是同分异构体的恰当类比。针对此点，我们可以根据第三个示例，使用5种符号（比如5个点、5个划，等等），使每个组合恰好包含25个符号。粗略计算得出组合的数目为62330000000000个，数字右边的一长串"0"，代表没有被精确计算出的具体数字。

当然，在实际情况中，绝不是原子团的"每一种"排列都代表一种可能的分子，也并非任何一个密码本都能被采用，因为密码本本身必须是可以促进发育的操纵因子。但是另一方面，我们在上述例子中只选择了25这样一个极小的数字，并且只设想了位于一条直线上的简单排列。我们只是想说明，根据基因是分子的设想，微型密码应该精确地对应着一个高度复杂的、特定的发育计划，同时还要包含使其本身发生作用的方法。

8 与事实比较：遗传物质具有稳定性；突变具有不连续性

最后，让我们将理论设想与生物学事实进行比较。第一个问题显然是，理论设想能否可以真正解释我们所观察到的高度持久性？所需能量的阈值（平均热能 kT 的高倍数）是否合理？它们是否包含在普通化学已知的范围内？这个问题很简单，无需查表就能得到肯定的答案。化学家在一定的温度下

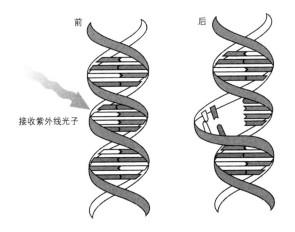

前　　　　　　　　后

接收紫外线光子

图18　紫外线诱发突变

　　被称为诱变剂的环境因子可以改变基因。日光中的紫外线就是常见的诱变剂之一。获得性突变通常不会遗传给后代，但如果它们改变了卵子或精子中的基因序列，则可能会遗传给后代。不过与X射线相比，因紫外线辐射而诱发的突变少得多。

所分离出的任何物质的分子，至少都可以在该温度下存在几分钟。（这是保守的说法，分子的寿命更长。）因此，化学家发现的阈能，正好可以解释生物遗传学中维持任何程度的持久性所需的数量级。根据第4章"分子的稳定性取决于温度"这一节的内容可知，在大约1∶2的范围内变化的阈值，可以说明分子的寿命从几分之一秒到数万年不等。

不过，我还是把数字列出来，以备日后参考。以下是第4章提到的W与kT的比率：

$$\frac{W}{kT} = 30，50，60$$

产生的寿命分别是1/10秒，16个月和30000年。室温下对应的阈值分别是：0.9，1.5，1.8电子伏[1]。

我们必须解释一下"电子伏"这个单位，因为它非常直观，对物理学家来说十分方便。例如，第三个数字（1.8）表示的是，一个电子在大约2伏电压的作用下，会获得足够的能量与分子发生碰撞，从而实现转变。（我们可以用普通袖珍手电筒

---

[1] 电子伏：电子伏特的简称，缩写为eV，是能量的单位。1电子伏表示1个电子（所带电量为1.6×10^{-19}库仑）经过1伏特电压加速后所获得的能量。

的电池进行比较，它的电压为3伏。）

这些讨论使我们相信，因振动能偶然涨落而引起的分子部分构型的同分异构体发生转变的事件，其实是很罕见的，可以将它解释为自发突变。因此，根据量子力学原理，我们解释了关于突变的最惊人的事实，即突变是"跃迁式"变异，不存在中间形式。也正是因为这个事实，德弗里斯才第一次注意到突变。

9　自然选择的基因具有稳定性

在发现任何一种电离射线都会增加自然突变率之后，人们可能会将自然突变率归因于土壤和空气的放射性以及宇宙射线。但是，在与X射线的结果作定量比较后发现，"自然辐射"的剂量太小，只占自然突变率的一小部分。

如果我们必须利用热运动的偶然涨落来解释罕见的自然突变，那么大自然（为了使突变变成罕见事件）对阈值成功做出的微妙选择，我们定不会感到惊讶。在第3章中我们曾得出结论：过多的突变对进化是有害的。那些通过突变而获得稳定

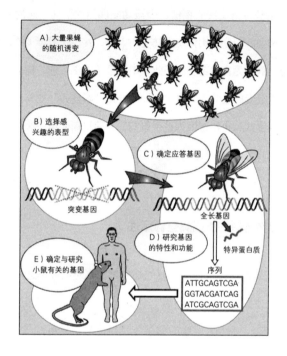

图19 果蝇试验

　　1910年，美国生物学家托马斯·亨特·摩根在研究进化时，偶然发现了基因存在于染色体上。这开启了遗传学时代——果蝇研究引领了该领域，揭示了基因是如何组织、如何突变和如何相互作用的。

性较差的基因构型的个体，它们"超激进的"、快速变异的后代将很少能够长时间存活。物种将通过这种方式淘汰这些个体，并通过自然选择将稳定的基因保存下来。

10 突变有时会降低遗传物质的稳定性

那些在繁育试验中出现的，被我们选择用于研究其后代的突变体，不能指望它们都表现出高度的稳定性。因为突变率太高，所以它们没有经受住"考验"，又或者虽然经受住了考验，但还是在自然繁育中被淘汰。无论如何，当我们发现其中的一些突变体表现出比正常的"野生型"基因有更高的突变率时，我们也毫不惊讶。

11 温度对不稳定基因的影响小于对稳定基因的影响

我们得到检验突变率的公式，即

$$t = \tau e^{\frac{W}{kT}}$$

（根据第4章，我们知道 t 是阈能为 W 时所发生突变的期待时间。）然而，我们要问的是，t是如何随着温度发生变化的呢？通过这个公式，我们很容易近似得出，温度为$T+10$时的t值与温度为T时的t值之间的比率，即

$$\frac{'T+10}{'T} = e^{-10\frac{W}{kT^2}}$$

既然指数为负值，那么比率自然小于1。随着温度升高，期待时间缩短，突变率将增加。这个结论是可以进行检验的，而且我们已经在昆虫能够承受的温度范围内对果蝇进行了检验。结果看起来令人吃惊。原本有较低突变率的野生型基因其突变率明显增加，而某些已经突变了的有着相对较高突变率的基因，其突变率却没有增加或没有明显的增加，这正与我们比较这两个公式时所预期的结果一致。根据第一个公式可知，要增加t值（稳定基因），就要增加W/kT的值；W/kT的值增大后，第二个公式计算出的比值就会降低，也就是说，随着温度的升高，突变率会显著增加。（这一实际比值大约在$\frac{1}{2}$至$\frac{1}{5}$之间。其倒数2至5就是普通化学反应中的范特霍夫因子[1]。）

---

1 范特霍夫因子：该因子以荷兰化学家范特霍夫的名字命名，用来表示溶质对溶液依数性性质（如渗透压、蒸汽压下降，沸点升高和凝固点降低）的影响程度。

12　X射线是如何诱发突变的

　　现在转而讨论X射线是如何诱发突变的。我们已经从繁育试验中推断出：①（根据突变率和辐射剂量的比例）某些单一性事件会引起突变；②（**根据定量结果显示，突变率由总电离密度决定而与波长无关**），这些单一性事件必须是电离或与之类似的过程，并且这个过程必须发生在一个只有10个平均原子距离的立方体内，才能引起特定的突变。根据我们的设想，克服阈值的能量必须通过类似爆炸的过程来提供，比如电离或激发过程。之所以称其为爆炸式过程，是因为一次电离可以消耗30电子伏能量（**顺便说一下，这些能量不是由X射线自身消耗的，而是由它产生的次级电子消耗的**），这样的消耗是十分巨大的。它必定会转变为围绕其放电点的巨大热运动，产生的能量以原子强烈振动的"热波"形式散发出去。这种"热波"仍然能够提供10个平均原子距离"作用范围"内所需的1或2电子伏的阈能，这并非不可想象，尽管一位公正的物理学家认为实际的"作用范围"应略小一些。在许多种情况下，"爆炸"的影响并不是有序的同分异构转变，而是染色体遭受损伤。如果病态的损伤染色体，通过巧妙的杂交取代了未受损伤的同源染色体（另一套染色体中的相应染色体），那么这种损伤就是致命的。所有的这些情况都是可以预期的，而且也正是所观察到的。

13　X射线的效率并不取决于自发突变

至于另外一些不能根据设想来预测的特性，要理解起来亦非难事。例如，一个不稳定的突变体与一个稳定的突变体相比，其X射线的突变率往往不会高出太多。因此，当爆炸式过程提供30电子伏的能量时，你一定不会想到，无论所需的阈能是略大还是略小——是1电子伏还是1.3电子伏，都不会有太大的差异。

14　回复突变

在某些情况下，我们可以从两个方向研究跃迁，例如某种野生型转变为特定突变型，这一突变型回复到野生型。它们的自然突变率有时几乎相同，有时却差异巨大。这样的结果，难免令人困惑，因为这两种情况所要克服的阈能似乎是相同的。但是，阈能并不一定相同，因为它必须根据初始构型的能级来度量，而野生型基因和突变型基因的能级有可能不一样。（如图15，其中"（1）"可能是指野生型等位基因，"（2）"可能是指突变型基因，短箭头表示稳定性较低。）

总的来说，我认为德尔布吕克的"模型"能够经受得住严格的考验，有必要将它应用在后续的研究工作中。

第 6 章

有序、无序和熵

身体不能主宰心灵去思考，心灵也不能主宰身体运动、静止及其他的一切。

——斯宾诺莎《伦理学》

1 从德尔布吕克模型得出的值得注意的一般性结论

在上一章的第7节中，我曾试图说明，根据基因是分子的设想，我们至少可以想象出，"微型密码应该精确地对应着高度复杂的、特定的发育计划，并包含使其自身发生作用的方法"。但是它是怎么做到的呢？我们如何将"可想象性"转化为真正的理解呢？

德尔布吕克的分子模型具有普遍性，但它似乎没有任何关于遗传物质如何起作用的暗示。事实上，我认为在不久的将来，物理学依然不能在这个问题上有所突破。但我相信，在生理学和遗传学的指导下，生物化学将取得进展并继续前行。

显然，在基因结构的一般描述中，我们无法获得关于遗传机制的详细信息。但奇怪的是，由此却得出了一个一般性结论。不可否认，这正是我撰写本书的唯一动机。

从德尔布吕克对遗传物质的总体设想中可以看出，生命物质在遵循已知"物理学定律"的同时，可能还涉及迄今未知的"其他物理学定律"。这些未知定律一旦被揭示，必将与已知定律一样，成为这门学科的重要组成部分。

2 基于秩序的秩序

这是一个极其微妙的思路，容易在某些方面引起误解。本书余下的内容将使这条思路更加明晰。从以下讨论中可以发现，其初步见解虽然粗略，但并非完全错误：

我们在第1章中已经说明，目前已知的物理学定律都是统计学定律。[1] 它们与事物走向无序状态的自然倾向有着千丝万缕的关系。

但是，为了使遗传物质的高度持久性与它的微小尺寸相协调，我们不得不通过"设想分子"来避免它走向无序状态的倾向。事实上，这是一个不同寻常的大分子，它必定在高度分化的秩序之下形成，量子理论是它的保护魔杖，机会法则不会因为这个"设想"而失效，但它的结果会被修正。正如物理学家所熟知的那样，量子理论修正了经典物理学定律，尤其修正了与低温条件相关的定律。这方面的例子比比皆是，但最引人

---

[1] 像我这样对"物理学定律"一言概之，也许会遭到质疑。对此，我将在第7章中进行讨论。

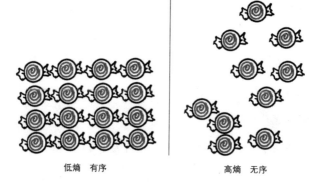

低熵　有序　　　　　　　　　高熵　无序

图20　熵

　　熵由热力学第二定律定义。当物质处于低熵状态时，物质结构为有序。随着时间的流逝，有序系统趋向于更高的熵状态。当物质处于高熵状态时，物质结构为无序。熵越高，无序性越大。

关注的话题应该就是生命。生命似乎是物质有秩序有规律的行为，它并不完全以自身从有序走向无序的趋向为基础，而是以保持现存的秩序为基础。

我希望对物理学家——仅仅是对物理学家——阐明我的观点，以期使之更加清楚。我认为，生命有机体似乎是一个部分行为接近于纯粹机械（与热力学相反）的宏观系统。当温度接近绝对零度，分子的无序倾向被消除时，所有的系统都将倾向于这种行为。

对于非物理学家来说，一贯被视为不可违背、堪称精确定律之典范的普通物理学定律，竟然基于物质无序化的统计学趋向，这是令人难以置信的。我在第1章中举了一些例子，其中所涉及的一般原理是著名的热力学第二定律（熵原理）与统计学基础。在本章的后面部分，我将试着简要地谈一谈熵原理对生命有机体宏观行为的意义——请暂时忘掉所有关于染色体、遗传等方面的已知信息吧。

3 生命物质避免了趋于平衡的衰退

生命的特征是什么？如何判断一种物质是否具有生命？那就是，它可以持续"做某事"、移动，与周围环境交换材料，诸如此类。这种状态下的物质所能持续的时间，比那些无生命物质在类似环境中所"持续"的时间要长得多。当一个无生命的系统被隔离或被放置在一个空气均匀的环境中时，系统中所有的运动往往会因为各种各样的摩擦而很快停止；电势差或化学势能消失，趋向于形成化合物的物质也因为热传导的作用，温度变得均匀。由此，整个系统开始衰退，逐渐变成一团死气沉沉的惰性物质。这种状态将是永久持续的，也不会有可观察到的事件发生。物理学家称这种状态为热力学平衡状态，或"最大熵"状态。

实际上，无生命的系统一般很快就能达到这种状态。从理论上讲，它还不是绝对的平衡，不是真正的"最大熵"。最终达到平衡的过程其实是非常缓慢的，它可能需要几个小时，几年，几个世纪……举一个例子——同样能够快速达到这种状态：如果将一个装满纯水的玻璃杯和一个装满糖水的玻璃杯，同时放入一个密闭的恒温箱中，一开始似乎什么也没有发生，看起来是完全平衡的。但是大约一天以后，人们注意到，在较高的蒸汽压作用下，纯水慢慢蒸发出来，凝结在糖溶液中，使糖溶液溢出。最后，直到纯水完全蒸发，糖才均匀地分布在水中。

这是一个缓慢趋近于平衡的过程，但我们不能误认为它就是生命，在这里其实可以完全忽略它。我之所以提到它，是为了消除人们对我所谓"不准确"的质疑。

4 有机体以"负熵"为生

正是因为有机体避免衰退为"平衡"的惰性状态，所以它才显得如此神秘莫测；以至于在人类思想的最早时期，就有人声称某些特殊的非物质或超自然力量（活力，"隐德来希"[1]）在有机体内发挥作用，至今仍然还有人这样认为。

---

1 隐德来希："entelechy"，希腊原文为 ωτρειχ，最初是由亚里士多德使用的词，意为"生命"或"实体"。

生命有机体是如何避免衰退的呢？答案显然是：吃、喝、呼吸和（植物的）同化。用专业术语来说就是"新陈代谢"（metabolism），它源自希腊语 μεταβαλλειν，意思是变化或交换。交换什么呢？人们最初认为这无疑是物质的交换。（比如德语里的"代谢"是Stoffwechsel，这个词的表面含义就是物质交换。）把物质交换看作是生命有机体赖以生存的基础，这是十分荒谬的。任何一个氮原子、氧原子、硫原子等，都与其同类的其他原子一模一样，与它们进行交换能得到什么呢？在过去的一段时间里，当被告知我们是以能量为生时，我们的好奇心便偃旗息鼓了。在一些发达的国家（我不记得是德国还是美国，抑或是两个国家都有），餐馆的菜单上除了价格以外，还标明了每道菜所含的能量。不用说，这是荒谬的。对于成年有机体来说，能量含量与物质含量一样是固定不变的。既然任何卡路里在本质上是一样的，自然就看不到物质的单纯交换有何帮助。

那么，我们食物中所含的使我们免于死亡的珍贵之物是什么呢？答案也很简单。每一个过程、每一次事件，突如其来的事情——无论你怎么称呼它；总之，自然界中发生的每件事都意味着在它发生的地方有熵的增加。因此，一个生命有机体不断地增加它的熵——或者，你也可以说是产生正熵——从而趋向于接近最大熵的危险状态，即死亡。为此，生命有机体只能远离正熵，也就是说，要不断地从所在的环境中吸取负熵——我们马上就会看到，负熵是一种非常积极的东西，是生命有机体赖以生存的东西。或者说得更明白一点，新陈代谢的本质就是，帮助有机体成功地消除了它活着时所产生的所有熵。

5　熵是什么？

熵是什么？我首先要强调一下，这不是一种模糊的概念或想法，而是一个可实际测量的物理量，就好比竿的长度、身体任何部位的温度、某种晶体的熔化热[1]或任一物质的比

---

1 熔化热：指在一定的压强下，位于熔点时的单位质量的晶体物质从固态熔化为同温度的液态物质时所吸收的热量。它的国际单位为J/kg。

热容[1]。在绝对零度时，任何物质的熵均为零。当我们通过缓慢的、可逆的小步骤，使物质进入任何其他状态时（即使物质由此改变其物理或化学性质，或分裂成两个或多个物理或化学性质不同的部分），熵的增加量可以这样计算：用我们在此过程中必须提供的每一小部分热量，除以所提供热量的绝对温度，再将所得的熵相加。举个例子，当你熔化一个固体时，它的熵会增加，增加的量就是熔化热除以熔点的温度。由此可见，测定熵的单位是cal/℃（就像卡路里是热量单位，厘米是长度单位一样）。

6 熵的统计学意义

我已经对熵的技术性定义作了简单的阐述，从而揭开了它神秘的面纱。对我们来说，这里更重要的是熵与有序和无序

---

1 比热容：简称比热，又称比热容量，是热力学中常用的一个物理量。它指的是单位质量的物质，在温度升高时，所吸收的热量与该物质的质量和升高的温度乘积之比。其国际单位为 $J/(kg \cdot K)$。

统计学概念的关系，它由玻尔兹曼和吉布斯在研究统计物理学时所揭示。这也是一个精确的定量关系，表示为：

$$熵 = k \log D$$

其中 k 是所谓的玻尔兹曼常数（3.2983×10^{-24} cal/℃），D 为物体的原子无序状态的定量量度。如果要用简短的非专业性术语来准确解释这个量度几乎是不可能的。它所表示的无序，一部分是热运动的无序，一部分是由不同种类的原子或分子随机混合而不是彼此分开的无序，例如前文示例中的糖和水分子，很好地说明了玻尔兹曼方程。糖在水中逐渐分散，增加了无序度 D，因此熵也随之增加（因为 D 的对数随 D 的增加而增加）。显然，任何热量的供给都会加剧热运动的混乱，D 增加了，从而熵增加；就好比当你融化晶体时，因为原子或分子整齐而持久的排列遭到破坏，所以晶格就变成了一种连续变化的随机分布。

一个隔离系统或均匀环境中的系统（出于当前的考虑，我们最好将其作为我们所设想的系统的一部分），其熵在不断增加，并且或快或慢地接近于最大熵的惰性状态。我们现在认识到，这个物理学的基本定律正是事物接近混乱状态的自然趋向（与图书馆的书籍或写字台上堆放的论文、手稿的趋向相同），除非我们事先防止这种趋向发生。（在这种情况下，不规则的热运动就类似于我们时不时地拿起一本书或文稿，却懒得再将它们放回原处。）

7　生物从环境中汲取"有序"所需的熵来维持组织

我们将如何用统计学理论来表达一个生命有机体的神奇能力——通过这种能力，它延缓了生命进入热力学平衡的衰变（死亡）？我们之前说过，负熵是生命有机体赖以生存的东西。生命有机体不断地汲取负熵，以补偿因生存而不得不产生的熵增，从而使自身保持在一个稳定的低熵水平上。

如果D是无序的量度，则其倒数1/D可以被看作是有序的直接量度。由于1/D的对数刚好是D的负对数，所以我们可将玻尔兹曼方程式写成：

$$-熵 = k \log \left(\frac{1}{D} \right)$$

也就是说，我们可以用一种更好的表达方式来取代"负熵"这一别扭（不便）的表达：取负号的熵，本身就是有序量度。因此，有机体将自身稳定维持在一个相当高的有序水平

（相当低的熵水平）的方式，其实就是不断从它所处的环境中汲取有序。这个结论并不像它的公式那样看起来矛盾。当然，可能有人会说这是无稽之谈。以高等动物为例，我们对它们赖以为生的那种有序性已经非常了解了，即在它们食用的复杂程度不同的有机化合物中，物质的状态是极其有序的。这些有机化合物被食用之后，经过降解后排泄出体外——然而，并非被完全降解，因为植物还可以利用它。（当然，阳光会供给植物充足的"负熵"。）

8　本章的说明

关于负熵的论述遭到了物理学同行的怀疑和反对。首先，我想说，如果我是专门为他们服务的，那么可能早就转而讨论"自由能"了，因为这是更为大众所熟知的概念。但这一高度专业化的术语在语言上似乎太过于接近"能量"，无法让普通读者分辨出二者的区别。人们可能只把"自由"当成了一个无足轻重的修饰词，实际上，自由能是一个极其复杂的概念，比它与玻尔兹曼的有序—无序原理之间的关系，比熵与"带负号的熵"的关系更难厘清。顺便说一下，"带负号的熵"并不是我发明的，它正是玻尔兹曼原论点的关键。[1]

西蒙（F. Simon）非常中肯地向我指出，我简单的热力学设想并不能充分说明这一论点，我们必须以"处于极其有序状态的、复杂程度不同的有机化合物"为食，而不能以木炭或金刚石浆为食。他是对的，但是面对普通读者，我必须解释一点，这是物理学家都知道的：一块未燃烧过的煤或金刚石，连同其燃烧所需的氧气量，都处于极其有序的状态。证据就是，当煤燃烧发生化学反应时，会产生大量的热，系统将这些热散发到周围的环境中，从而消除了由化学反应带来的大量熵增，并达到一种状态，实际上该状态下的熵与以前大致相同。

然而，我们不能以该反应产生的二氧化碳为食。因此，西蒙向我指出，食物所含的能量确实对我们很重要；他说得没错，所以我承认，我嘲笑菜单上的能量标注显然是不当之举。我们不仅需要能量来补充身体消耗的机械能，还需要它补充

---

[1] 玻尔兹曼公式发表以后，由于观点新颖，一时不为业界所接受，而玻尔兹曼为此付出了惨重代价，这也成为他个人悲剧（自杀）的重要原因。

我们不断散发到环境中的热量。更何况我们散发热量不是偶然的，而是必不可少的，因为这正是我们用来处理在物质生命过程中不断产生的多余熵的方式。

这是否表明，温血动物的较高温度使其具有这样一个优势：以更快的速度消除熵，从而能够承受更激烈的生命过程。我不确定这个论点有多少真实性（我将对此负责，而与西蒙无关），有人可能会持反对意见。因为，许多温血动物的皮毛或羽毛能阻止热量快速散发。因此，我认为体温和"激烈的生命过程"之间存在着平行关系，这可能需要用第5章第11节所提到的范特霍夫定律来进行更直接的说明：较高温度本身加速了生命活动中的化学反应。（事实上，这一点已经在受周围环境温度影响的物种身上得到了试验证实。）

第 7 章

生命是以物理定律为基础的吗？

如果一个人从来不自相矛盾，那一定是因为他从来什么也不说。

——米格尔·德·乌纳穆诺

1 在有机体内有望发现新定律

在最后一章里，我想简单说明的是，根据上述我们对生命物质结构的了解，我们应该明白，生命物质的结构是以一种无法归结为普通物理学定律的方式在发挥作用。这不是说有"新力量"之类的东西在支配着一个生命有机体内单个原子的行为，而是因为生命物质的结构不同于我们在物理试验室中研究过的任何一种物质。这就好比一个只熟悉热机的工程师，在他检查了电动机的结构后，会发现其工作原理是他所不了解的。他发现他所熟悉的用来制锅炉的铜，成了长长的铜线并被缠绕成线圈在使用；他所熟悉的杠杆、铁条和蒸汽缸的铁，在这里却被用来填补这些铜线圈内部。他非常确定，这是相同的铜和相同的铁，它们被相同的自然规律支配着。他的想法是对的，但是，由于结构上的差异，他已经准备好去适应一种完全不同的运作方式。没有锅炉和蒸汽的电动马达，只需按动一下开关就可以运作，尽管如此，他却从未因此而怀疑是幽灵在驱动。

2 评述生物状况

在有机体生命周期里的事件中，展现出一种令人叹服的规律性和有序性，这是任何无生命物质都不可比拟的。我们发现，生命由一个高度有序的原子团所控制，但是这种原子团只占每个细胞总数的很小一部分。因此，从已经形成的突变机制的观点来看，只要生殖细胞"支配性原子团"中的少数几个原子发生错位，就会使有机体的宏观遗传性状发生显著的变化。

这无疑是当今科学所揭示的最引人关注的事实。我们最终可能会发现，这些事实并非完全不可接受。生命有机体为了避免衰退至原子混乱的状态，将"有序之流"集中在自己身上，它的这种在适当环境中"汲取有序"的惊人天赋，似乎与"非周期性固体"，也就是与染色体分子的存在有关。染色体分子无疑代表了我们所知的最高级别的有序原子组合——比普通的周期性晶体的级别高得多——每个原子和原子团都在其中发挥着各自的作用。

简而言之，我们发现，现存秩序维持自身和产生有序事件的力量已经显示出来了。这看起来似乎并非谬论，因为有关社会组织和其他与有机体活动相关事件的经验无疑证实了它的合理性。因此，这算是一种循环论证。

3　综述生物状况

不管怎样，需要反复强调的一点是，对物理学家来说，这种事态不仅看似合理，而且振奋人心，因为它是新生的。与普遍的看法相反，物理定律支配事件的规律性进程，绝不是原子高度有序的构型所产生的结果——除非原子构型自身重复多次，如同它在周期性晶体中、在液体中，或是在由大量相同分子组成的气体中那样。

化学家在离体[1]处理一个非常复杂的分子时，也总是面临着大量的类似分子。他的定律对它们同样适用。比如，他可能会告诉你，在某种特定反应发生一分钟之后，一半的分子起了

---

1 离体：把从生物环境中分离出来的有机体成分（微生物、细胞或其他生物分子）进行研究。这种试验比使用整个有机体进行分析更方便，结果也更详细。然而，体外试验的结果可能不能完全或准确地预测内环境对整个有机体的影响。

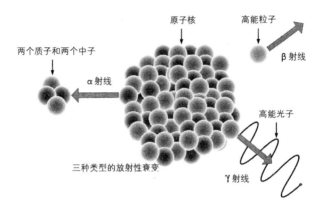

两个质子和两个中子

原子核

高能粒子

β 射线

α 射线

高能光子

三种类型的放射性衰变

γ 射线

图21 放射性衰变

　　放射性蜕变又称为放射性衰变。它指的是放射性元素在放射出粒子后转变为另一种元素的过程。它也是一个不稳定的原子核通过辐射损失能量的过程。

反应；在反应发生两分钟后，四分之三的分子起了反应。但是，即便他能追踪到任何一个特定分子的进程，他仍然无法预测，它是在那些已经发生反应的分子中，还是在那些没有发生反应的分子中，这纯属概率问题。

这不是纯粹的理论推测。也并不是说，我们永远无法观察到一个小的原子团甚至单个原子的最终命运，实际上偶尔也是能被观察到的。但是无论何时，我们观察到的都是完全不规则的状态，除非通过平均的方法，才能摸清其规则性。我们在第1章中讨论过一个例子，即悬浮在液体中的微粒所进行的布朗运动是完全不规则的。但是如果还有许多其他相似的粒子，它们就会通过不规则的运动发生规则的扩散现象。

单个放射性原子的蜕变是可以观察到的（它每放射出一颗粒子，会在荧光屏上引起一次可见的闪烁）。但是，若单论一个放射性原子，它的寿命可能还没有一只健全的麻雀长。事实上，我们也可以这样说：只要这个原子一直存在（可能是几千年），那么它在下一秒内爆炸的概率（无论大小）都是一样的。然而，虽然这种个体蜕变的时间无法确定，但是它却催生了大量同类放射性原子所遵循的精确的指数衰变定律[1]。

4 明显的对比

在生物学中，我们会面临完全不同的情况。这种只存在于一个副本中的一组原子会产生有序的事件，它们遵循十分微妙的法则，相互之间以及与环境之间保持奇妙地协调一致。我说它只有一个副本，是因为毕竟还存在卵子和单细胞有机体这样的例子。在高等生物发育的后期阶段，副本的确会成倍增加。但是会增加到什么程度呢？据我了解，在一个成年的哺乳动物中大约有10^{14}个副本，相当于1立方英寸空气中的分子数量的百万分之一。虽然数目看起来比较庞大，但是它们聚结后只能形成一小滴液体。它们又是如何分布的呢？每一个细胞只包含其中一个副本（如果考虑是二倍体，就是两个副本）。既然我们知道，这个小小的中央机构在每个孤立的细胞中拥有控制的

---

1 指数衰变定律：指在一个给定的无穷小时间间隔中，可能衰变的原子数与存在的原子数成比例。这是原子核内部物质运动的一种固有规律，它不受外界条件变化的影响。

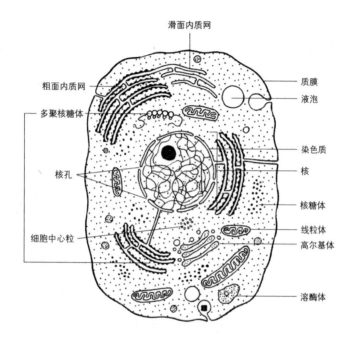

滑面内质网

粗面内质网

多聚核糖体

核孔

细胞中心粒

质膜

液泡

染色质

核

核糖体

线粒体

高尔基体

溶酶体

图22　动物细胞的超微结构图

　　细胞是最小的生命形式，高等动物体内有几十亿个细胞。而细胞所执行的某些功能（如呼吸作用）对生命的存在至关重要。上图以高放大倍数显示了动物细胞中的结构。

权力，这样看来，这些细胞是不是就像分布在身体里的地方政府工作站？由于彼此拥有共同的密码而互通信息无障碍？

这个描述实在是太奇妙了，不像是出自科学家之手，倒像是诗人的手笔。然而，无需诗歌般的想象力，只需明确合理的科学思考，就能使人认识到，我们在这里所面对的事件，之所以能够规则有序地开展，显然是有一种完全不同于物理学"概率机制"的"机制"在进行指导。因为我们观察到的事实是，原则上每个细胞的指导体只有一个副本（有时是两个副本）的单个原子集合体中，在这一原则性指导下开展的事件也都是有序的典范。无论我们是深感震惊也好，还是认同此理也罢，总而言之，一个高度组织化的小小原子团，竟能以这种方式发挥作用，这是在生命物质之外的其他任何地方都不曾发生的情况。物理学家和化学家在研究无生命的物质时，从未遇到过必须用这种方式来解释的现象。也正因为如此，所以我们的理论没有涵盖它。说到这里，不得不对我们迷人的统计学理论引以为豪，因为它使我们能够洞察真相——观察到在原子和分子的无序中产生了具有精确物理学定律的高度有序；也因为它揭示了最重要、最普遍、包罗万象的熵增定律而无需我们去做特别的假设——因为熵就是分子的无序度。

5 产生有序的两种方式

在生命的发展过程中遇到的有序有不同的来源。似乎有两种不同的"机制"可以产生有序事件：一种是"从无序中产生有序"的"统计学机制"，一种是新近发现的"从有序中产生有序"的机制。公正地说，第二个原则似乎更简单、更合理。这是毫无疑问的。而物理学家却曾对另一个理论，即"从无序中产生有序"的原理十分赞成，因为这是自然界中实际遵循的原则，它传达了对自然事件发展进程的理解，首先就是它们的不可逆性。但是，我们不能指望从中推导出的"物理学定律"可以直接解释生命物质的行为，因为生命物质最显著的特征是在很大程度上以"从有序中产生有序"为原则。你不能指望这两种完全不同的机制可以推导出相同的定律，就好比你不能指望你的弹簧钥匙能打开邻居家的门。

因此，我们完全不必因为普通物理学定律难以解释生命而感到沮丧。因为根据我们对生命物质结构的现有了解，这些困难是意料之中的事情。我们应该努力找到一种普遍存在于生命有机体中的新型物理学定律。或者我们把它称为非物理学定律，甚至是超物理学定律？

6　新原理与物理学并不相悖

我并不认为生命符合一种非物理学定律。因为它所涉及的新原理是一条真正的物理学原理，在我看来，它只不过是量子理论原理的再次开始。为了解释这一点，我们必须用一些篇幅，包括对先前所作的推论，即"目前已知的物理学定律都是统计学定律"进行完善，而不是修正。

这一推论一再被提出，难免会引起矛盾。因为确实存在一些现象，其显著特征是完全基于"从有序中产生有序"这一原理的，并且它似乎与统计力学或分子无序性毫不相干。

太阳系的秩序、行星的运转，几乎都被无限期地维持着。此时此刻的星座与金字塔时代任何特定时刻的星座直接联系起来；由前者可以追溯到后者，反之亦然。历史上的日食已经被科学家们计算出来了，并且已经被发现与历史上的相关记录极其一致，甚至在某些情况下被用来校正已经公认的年表。这些计算并不涉及任何统计学，仅基于牛顿的万有引力定律。

一台精准的时钟，或任何类似的机械装置的规则运动，似乎也与统计学无关。简而言之，所有纯机械的事件显然都是直接遵循"从有序中产生有序"的原理。对于我们所说的"机械"一词，必须从它的广义范围来理解。正如你所知，有一种非常有用的时钟，它是依靠电站有规则地输送电脉冲来维持运动的。

我记得马克斯·普朗克曾写过一篇有趣的小论文，题为《动力学型和统计学型的定律》[1]。该主题中二者的区别，正好是我们在此讨论的"从有序中产生有序"和"从无序中产生有序"的区别。普朗克写此篇文章的目的是想说明，控制大规模事件的有趣统计学定律，是如何由控制小规模事件，即单个原子和单个分子的相互作用的动力学型定律构成的。而动力学型定律则可以通过宏观的机械现象，比如行星或时钟的运动来说明。

这样看来，我们曾经指出，作为理解生命真正线索的"从有序中产生有序"的新机制，对物理学来说根本不是全新的。普朗克的态度更无异于是为它的"专利优先权"辩护。

---

1 德文题为：*Dynamische und Statistische Gesetzmässigkeit*。

那么，我们是否可以就此得出一个结论：理解生命的线索是建立在一种纯机械的基础之上，即普朗克在论文中所提到的"时钟装置"？至少在我看来，这个结论并不荒谬，也并非完全错误，但有必要存疑。

7 时钟的运动

让我们准确地分析一下真实时钟的运动。它根本不是一个纯粹的机械现象。纯粹的机械时钟不需要借助弹簧，不需要上发条，它一旦开始转动，就永远不会停下来。而真实时钟如果没有发条，在摆动几下之后就会停止转动，因为它的机械能被转化为了热能。这是一个无限复杂的原子过程。物理学家对它的总体设想，迫使他本人必须承认，逆向的过程也并非是完全不可能的：一台没有上发条的时钟，依靠消耗其自身由齿轮产生的热能和环境的热能，可能突然开始运动。这时候，物理学家一定会说：这是因为时钟经历了一次非常激烈的布朗运动。我们在本书的第2章第9节中说过，只要借助一种非常灵敏的扭力天平（**静电计**或**电流计**），就能发现这种情况其实一直在发生。

时钟的运动是归于动力学型还是统计学型定律的事件（普朗克语），取决于我们的态度。当我们称其为动力学现象时，我们将注意力集中在可以通过较松的发条来确保它正常转动，这根发条需要克服的因热运动引起的干扰极小，对此我们可以忽略不计。但是如果时钟没有发条，它的运动会因摩擦而逐渐减慢，那么我们就会发现，这个过程只能被理解为一种统计学现象。

从实际的角度来看，时钟在运动过程中所产生的摩擦和加热效应是微不足道的，毫无疑问，即使我们面对的是由发条驱动时钟的规则运动，第二种态度（不可忽视），仍是最基本的一种态度。因此决不能相信，驱动装置消除了过程中的统计学性质。真正的物理学设想包括这样一种可能性：即使是一台正常运动的时钟，也可能会依靠消耗环境中的热能进行反向运动，并在反向过程中重新上紧发条。只不过，与没有驱动装置的时钟的"布朗运动"相比，这一事件的可能性"略低"。

8 钟表装置属于统计学

现在让我们大致回顾一下。我们所分析的"简单"的例子，是许多其他例子的代表——事实上，所有这些例子似乎都不适用于分子统计学包罗万象的原理。由真正的物理物质（与设想相反）所制成的钟表装置，并不是真正的"钟表装置"。偶然性因素可能会或多或少地减少，而时钟突然走错的可能性也微乎其微，但这种可能性却始终存在。即使在天体运动中，不可逆的摩擦力和热力影响也是存在的。因此，地球的旋转会因潮汐的摩擦作用而缓慢减弱，随着地球自转减缓，月球逐渐远离地球。如果地球是一个刚性转动的天体，就不会发生这种情况。

然而，事实却是，"物理学钟表装置"表现出非常显著的"从有序中产生有序"的特征。正如我在前文所说，当物理学家在有机体中发现这种特征时，就会无比振奋。因为这两种情况似乎有一些共同之处。而这些共同之处到底是什么呢？以及这些显著究竟有什么不同，使得这种有机体的情况新奇而史无前例呢？这些都亟须我们进一步的探讨。

9 能斯特定律

一个物理系统——任何一个原子集合体——何时才能显示出动力学型定律（普朗克的意思）或"钟表装置特征"呢？量子理论给出了一个简短的回答：在绝对零度下。因为当系统接近这个温度时，分子的无序性不再对物理学事件起任何作用。顺便说一下，这个事实并不是通过理论发现的，而是通过研究各种温度下的化学反应发现的。这就是瓦尔特·能斯特（Walther Nernst）著名的"热定律"[1]，它有时也被称为"热力学第三定律"（热力学第一定律是能量原理，热力学第二定律是熵原理）。

量子理论为能斯特定律提供了理论基础，也使我们能够预测系统要如何才能接近绝对零度，才能表现出接近动力学型定律的行为。那么，在任何特定的情况下，什么样的温度才等同于绝对零度呢？

---

[1] 能斯特"热定律"：随着温度趋近于绝对零度，任何纯晶体物质反应的熵变都趋近于零。 也就是说，在其他任何大于零的温度下，每种物质的熵都大于零。

现在，你千万不要认为这一定是个很低的温度。事实上，能斯特的发现是由这样一个事实引起的：即使在室温下，熵在许多化学反应中也起着惊人的微不足道的作用。（不要忘了，熵是分子无序性的直接量度，即它的对数。）

10　摆钟实际上可看作在绝对零度下工作

对于摆钟，室温实际上等于绝对零度。这就是为什么它的转动是"动力学型"的。如果你将其冷却（前提是你已清除了所有的油渍），它将继续工作。但是如果你把它加热到室温以上，它将不再继续工作，因为它最终会融化。

11　钟表装置与有机体的关系

这种关系看起来似乎无足轻重，但我认为，它恰好触及关键。钟表装置之所以能够做动力学型运动，是因为它是由固体制成的，这些固体在海特勒—伦敦力的作用下保持自身的形状，后者的强度足以避开常温下热运动的无序趋向。

我想，简单的一句话就能揭示出钟表装置与生命有机体之间的相似之处：有机体依赖形成遗传物质的非周期性晶体，在很大程度上避开了热运动的无序趋向。但是，请不要指责我把染色质纤维称为"有机体的机器齿轮"——至少在没有了解这个比喻所依据的深奥的物理学理论的情况下不要这样说。

　　事实上，不用花费太多笔墨，就能说明两者之间的根本区别，并证明这种比喻在生物学案例中是新奇和前所未有的。

　　有两个最显著的特征：其一，"齿轮"在一个多细胞有机体中的分布是奇特的，这一点可以参考本章第4节的描述；其二，单个"齿轮"并非粗糙的人工制品，而是按照上帝的量子力学思路来完成的最精细的作品。

后记：决定论与自由意志

在客观公正（Sine ira et studio[1]）地阐述了我们问题的纯科学方面之后，我谨在此提出自己对哲学含义的一些看法（必然是主观的），以此作为对个人琐碎研究工作的一种奖赏。

根据正文所提出的证据，在生物体内对应其心灵活动、意识活动或任何其他行为的时空事件（并且考虑到其复杂的结构和公认的物理化学统计解释），如果不是严格的决定论，就是统计的决定论。我想对物理学家强调的是，与一部分人所持有的观点相反，在我看来，量子不确定性原理[2] 在这些事件中不能

1 拉丁语，意为"没有愤怒和激情"，指不带个人情绪。它是由罗马历史学家塔西佗在其《编年史》导言中所创造的。塔西佗在书中写道："我的计划无忿无偏，我以十分超然的态度，先叙述奥古斯都统治的末期，然后写到元首提比略及其继任者的时代……"这句话经常被用来提醒历史学家、记者等在描写战争或罪行时不要带有个人情感。
2 量子不确定性原理：由德国物理学家海森堡提出（1927年），因此又称为海森堡不确定性原理。在量子力学中，不确定性原理是各种数学不等式中的一种。它断言（接下页注释）

发挥相关作用，除非提高诸如减数分裂、自然突变和X射线诱导突变等事件的发生率。——这在任何情况下都是众所周知且为大家所承认的。

为了方便讨论，请允许我将这一观点视为事实。我相信，如果抛开对"自称为一个纯粹的机械装置"的排斥感，每一位毫无偏见的生物学家都会这么做。因为它被认为与直接的自省所保证的自由意志相矛盾。

但是就直接经验本身而言，无论它多么多种多样、迥然不同，它在逻辑上都不可能相互矛盾。因此，让我们看看，能否从以下两个前提中得出正确的、不相矛盾的结论：

一、根据自然法则，我的身体起着纯机械作用。

二、然而，根据无可争议的直接经验，我知道我正在支配身体运动，我也能预见其结果——它有可能是决定性的、至关重要的。鉴于此，我认为应对这些结果负全部责任。

从这两个事实中可以得出的唯一推论是，如果存在这样

（接上页注释）了一个基本的精度极限，在这个极限下，一个粒子某些物理量所对应的值，如坐标、动量等，可以从初始条件中预测。

的人，那么"我"就是这样的人。"我"是指最广泛意义上的"我"，那么，"我"就是曾经说过"我"或感觉到"我"的每一个有意识的头脑——是一个根据自然法则控制"原子运动"的人。

在某些概念受到限定和专门化（在其他民族中曾经具有或仍然具有更广泛的意义）的文化环境中，用其要求的简单措辞来终结这一结论是比较草率的。基督教里有句术语："因此我是全能的上帝。"这句话听起来既亵渎神明又狂妄自大。但是，请暂时忽略这方面的内涵，不妨考虑一下，我们上述的推论是不是可以帮助生物学家证明上帝的存在与灵魂的永生？

这种见解本身并不新奇。据我了解，有关上帝及灵魂的最早记载可以追溯到2500多年前。从早期伟大的《奥义书》[1]开始，在古印度思想中就认识到了梵（athman）我（brahman，阿特曼）合一[2]（个人的自我等于无所不在的、全能的、永恒的

---

1 《奥义书》：印度最重要的圣典之一，源自吠陀时期伟大圣哲内在心灵最深处的体验，至今仍在印度教中广受赞誉。
2 其意为作为外在的、宇宙终极原因的"梵"和作为内在的、人的本质或灵魂的"阿特曼"在本性上是相同的。

自我）。这并非亵渎，而是代表了对世间事物深刻洞察的精髓。所有吠檀多[1]学者在领悟了这句话以后，都致力于把这一精髓融入到自己的思想中。

此外，许多世纪以来，神秘主义者不约而同，完美和谐地（有点像理想气体中的粒子）描述了自己一生的独特经历，这些经历都可以被浓缩为一句话：我已经成为上帝（deus factus sum）。

在西方意识形态的领域中，这种思想仍然是陌生的，尽管它得到了叔本华和其他一些哲学家的支持，尽管当那些真正的恋人相互凝视的时候，其实他们已经意识到彼此的思想和内心的喜悦是一致的——不仅仅是相似或相同；但是他们往往因过分沉湎于感情而无暇进行清醒的思考，在这方面，他们很像神秘主义者。

请允许我再做一些评论。意识从未以复数形式而只以单数形式被体验。即使在意识分裂或双重人格的病理情况下，两个人也只是交替出现，而永远不会同时出现。在梦中，我们确

---

1 吠檀多：印度婆罗门教六派哲学之一，印度哲学史上占统治地位的唯心主义哲学派别，也是构成大多数现代印度教派别的基础。《奥义书》《薄伽梵歌》和《梵经》是吠檀多的三大经典。

实同时扮演着几个角色，但角色之间都是有所区别的：我们只是其中之一；我们总是以某个身份去行动和说话，却常常热切地期待另一个人的回答或反应，却没有意识到，我们控制着这个人的言行，就像控制我们自己一样。

"复多性"的概念——遭到《奥义书》作者的强烈反对——是如何产生的呢？意识发现其自身与有限区域的物质即身体的物理状态密切相关，并依赖于身体（将身体发育如青春、成年，衰老过程中的意识变化，或发热、中毒、麻醉、脑损伤等对意识的影响等因素考虑进去）。然而，由于相似的身体太多，因此意识或思想的复多性似乎成了一个极具启发性的假设。所有朴素天真的人，以及绝大多数西方哲学家都很有可能接受这种假设。

它几乎立即引出了灵魂的概念——灵魂就像肉体一样多；并引出了一个问题：灵魂是否与肉体一样会死，或者灵魂是否可以永生，可以独立存在？前者令人不快，后者干脆忘记、忽视或否认复多性假设所依据的事实。人们还提出了更愚蠢的问题：动物也有灵魂吗？甚至有人怀疑，只有女性或者只有男性才有灵魂。

这些因果关系即使只是一种推测，也必然使我们对已被西方教义普遍认同的复多性假设产生质疑。如果我们一方面摒弃这些教义中的极端迷信，一方面却又保留灵魂复多性的天真想法，并通过宣扬灵魂是会死的，会和各自的身体一起消亡来"补正"复多性假设，这难道不是倾向于更大的荒谬吗？

因此，唯一可能的选择就是只遵循直接经验，即意识是单数的，复数的意识是未知的。只有一个但看起来却有很多个的物体，其实只是它在许多不同方面的呈现，是由幻觉（印度文maja）产生的；在有很多镜子的回廊里，也会产生相同的幻觉；同样地，高里三喀峰[1]与珠穆朗玛峰是从不同山谷看到的同一座山峰。

当然，我们的脑海中盘桓着一些精心虚构的怪诞故事，它妨碍我们接受这种简单的认知。例如，有人说窗外有一棵树，但我并没有真正看到它。只有当这棵真正的树通过一些巧妙的设置，将自己的映像投射到我的意识中，我才能对它有所感知。至于这种巧妙的设置，我们目前仅探索了相对简单的初始步骤。如果这时你站在我的身边，看着同一棵树，那么这

---

1 尼泊尔喜马拉雅山脉若瓦谷第二高峰，海拔7134米。

棵树也会设法将它的映像投射到你的意识中。我看到我的树，你看到你的树（非常像我的），而树本身是什么，我们都不知道。这类妄语的出现，康德是有责任的。在将意识视为单数形式的那类观念中，用一句话就能概括这个怪诞的故事："显然只有一棵树，映像之类的东西不过是虚无。"

然而，我们每个人都有一个不可撼动的映像，即由他个人的经验和记忆的总和构成的与其他任何人都迥然不同的统一体，他称之为"我"。那么，"我"是什么呢？

如果你仔细分析这个"我"，把它比作一张画布，并把单一数据（经验和记忆）比作画布上的材料，我想你会发现，"我"只是比这些材料（经验和记忆）的集合略微大一点而已。在深度内省之后，你还会发现，"我"其实就是一种可以将这些材料聚集起来形成一幅油画的材质。就比如，你来到一个遥远的国家，你远离了你所有的朋友，甚至忘记了他们；随后你有了新的朋友，热切地与他们分享生活，就像你曾经与你的老朋友那样。在你过着新生活的同时，你可能仍然会回忆起过去的生活，但是它已然变得越来越不重要了。"那是青年时代的我。"你可能会以第三人称谈起往昔岁月。事实上，你正在阅读的小说中的主人公，有可能让你感觉比"青年时代的我"更加亲近、更加鲜活、更加熟悉。然而，这是没有中间断裂，没有死亡的。即使一个熟练的催眠师成功地抹去了你之前所有的记忆，你也不会认为他"杀死"了（过去的）你。在任何情况下，你都不会因为失去个人存在而深感遗憾，将来也不会有。

关于后记的说明

　　本书后面提到的观点，与奥尔德斯·赫胥黎近期的《长青哲学》〔（*Perennia philosophy*），伦敦，温都斯书局，1946年〕中的观点出奇一致。他的这部优秀作品非常适合说明以上情况，并且也适合说明它为什么如此难以理解以及容易遭到反对。